The RISC-V Reader
An Open Architecture Atlas

RISC-V
开放架构设计之道

[美] David Patterson   Andrew Waterman   著

勾凌睿   陈璐   刘志刚   译

余子濠   包云岗   审校

电子工业出版社·
Publishing House of Electronics Industry
北京·BEIJING

内 容 简 介

本书中首先提出一款指令集的 7 个评价指标，包括成本、简洁、性能、架构和实现分离、提升空间、代码大小、易于编程/编译/链接，然后围绕这 7 个评价指标从全系统角度向读者介绍 RISC-V 的精巧设计和众多的取舍考量。同时，本书还介绍 x86、ARM 和 MIPS 的设计，并通过插入排序和 DAXPY（双精度乘加）程序量化对比它们，突出 RISC-V 的优势，深入阐释指令集设计对计算机系统的影响。

如果您是学生，本书将是一本优秀的课外读物，有助于您建立完整的计算机系统观念；如果您是教师，本书将为您提供丰富的真实案例，能给您的教学工作带来新的启发；如果您是相关方向的从业人士，本书除了开拓您的视野，还是一本方便的小型参考手册，帮助您更轻松地完成工作。

The RISC-V Reader: An Open Architecture Atlas (ISBN 9780999249116)

Copyright © 2017 by David Patterson and Andrew Waterman.

Chinese translation Copyright © 2024 by Publishing House of Electronics Industry.

本书简体中文专有出版权由 David Patterson 和 Andrew Waterman 授予电子工业出版社有限公司，未经许可，不得以任何方式复制或抄袭本书的任何部分。

版权贸易合同登记号　图字：01-2023-0547

图书在版编目（CIP）数据

RISC-V 开放架构设计之道/（美）大卫·帕特森（David Patterson），（美）安德鲁·沃特曼（Andrew Waterman）著；勾凌睿，陈璐，刘志刚译. —北京：电子工业出版社，2024.1
书名原文：The RISC-V Reader：An Open Architecture Atlas
ISBN 978-7-121-46409-6

Ⅰ. ①R… Ⅱ. ①大… ②安… ③勾… ④陈… ⑤刘… Ⅲ. ①计算机体系结构 Ⅳ. ①TP303

中国国家版本馆 CIP 数据核字（2023）第 184395 号

责任编辑：刘　皎
印　　刷：三河市良远印务有限公司
装　　订：三河市良远印务有限公司
出版发行：电子工业出版社
　　　　　北京市海淀区万寿路 173 信箱　　邮编：100036
开　　本：720×1000　1/16　　印张：15　　字数：355 千字
版　　次：2024 年 1 月第 1 版
印　　次：2024 年 1 月第 1 次印刷
定　　价：89.00 元

凡所购买电子工业出版社图书有缺损问题，请向购买书店调换。若书店售缺，请与本社发行部联系，联系及邮购电话：（010）88254888，88258888。

质量投诉请发邮件至 zlts@phei.com.cn，盗版侵权举报请发邮件至 dbqq@phei.com.cn。

本书咨询联系方式：Ljiao@phei.com.cn。

献 词

献给我的父亲大卫，我继承了他的创造力、运动天赋和为正义而战的勇气。

献给我的母亲露西，我继承了她的睿智、乐观和气质。

感谢你们成为如此伟大的榜样，使我明白成为一位好配偶、好父亲和好祖父的意义。

——David Patterson

献给我的父母：约翰和伊丽莎白，即便远在千里之外，你们依然给予我极大的支持。

——Andrew Waterman

关于作者

大卫·帕特森（David Patterson）在加州大学伯克利分校担任计算机科学系教授 40 年，于 2016 年退休，并加入"Google 大脑"项目担任杰出工程师。他还担任 RISC-V 国际基金会董事会副主席和 RISC-V 国际开源实验室主任。他曾被任命为伯克利计算机科学部主席，并当选计算研究协会（CRA，Computing Research Association）主席和计算机协会（ACM，Association for Computing Machinery）主席。在 20 世纪 80 年代，他领导了四代精简指令集计算机（RISC，Reduced Instruction Set Computer）项目，伯克利最新的 RISC 因此得名"RISC Five"（第五代 RISC）。他和安德鲁·沃特曼（Andrew Waterman）均为四位 RISC-V 架构师中的一员。除 RISC 以外，他最著名的研究项目是廉价磁盘冗余阵列（RAID，Redundant Arrays of Inexpensive Disks）。基于这项研究，他发表了多篇论文，出版了 7 本书，获得了超过 40 项荣誉，包括当选美国国家工程院和美国国家科学院院士，入选"硅谷工程名人堂"，获 ACM、CRA 和 SIGARCH 颁发的杰出成就奖。他在教学方面所获奖项包括杰出教学奖（加州大学伯克利分校）、Karlstrom 杰出教育家奖（ACM）、Mulligan 教育奖章（IEEE），以及两次教科书卓越奖（Text and Academic Authors Association）。他最近获得的荣誉包括 Tapia 成就奖、BBVA 基金会知识前沿奖以及 ACM 图灵奖，其中后两者与约翰·轩尼诗（John Hennessy）共同获得。他在加州大学洛杉矶分校获所有学位，也被该校授予杰出工程学院校友奖。他在南加州长大，兴趣爱好是和儿子们一起玩人体冲浪、骑自行车和踢足球，以及和妻子一起远足。他们在高中时期相爱，并于 2022 年庆祝了 55 周年结婚纪念日。

　　安德鲁·沃特曼（Andrew Waterman）是 SiFive 的总工程师和联合创始人。SiFive 由 RISC-V 架构的发明者们创办，旨在提供基于 RISC-V 的低成本定制芯片。他获加州大学伯克利分校计算机科学博士学位。其间，他厌倦了现有指令集架构的变幻莫测，于是参与设计了 RISC-V ISA 和第一款 RISC-V 微处理器。安德鲁在多个开源项目中均做出主要贡献，包括基于 RISC-V 指令集的开源 Rocket chip 生成器、Chisel 硬件构造语言，以及 Linux 操作系统内核、GNU C 编译器和 C 库的 RISC-V 版本移植工作。他还获加州大学伯克利分校硕士学位，其间开展了 RISC-V 压缩扩展的前期工作。他还获杜克大学工学学士学位。

关于译者和审校者

勾凌睿，中国科学院计算技术研究所博士研究生，主要研究方向包括计算机体系结构和开源处理器芯片设计。RISC-V 开源高性能处理器"香山"项目的核心开发者，担任"香山"项目前端工作组组长，负责前三代架构的前端模块的架构探索和设计。主持"香山"第二代南湖架构中解耦分支预测器和取指单元的关键技术的探索和实施，带领工作组攻关项目，对南湖架构的整体性能提升贡献达 20% 以上。负责将 gem5 微架构模拟器前端对齐到"香山"南湖架构，对齐后前端部分流水级长度保持一致，平均误预测差距小于 5%。当前研究课题是面向服务器负载的处理器前端取指架构设计方案的探索。

陈璐，中国科学院计算技术研究所博士研究生，主要研究方向包括计算机体系结构和开源处理器芯片设计。国家重点研发计划"超异构软硬件协同计算统一框架"的核心技术骨干，负责开源 RTL 仿真加速器的探索和设计。参与教育部"101 计划"计算机系统导论课程建设主教材《计算机系统（基于 RISC-V+Linux 平台）》的编写工作，并设计相关案例的数字教学资源。参与 RISC-V 国际基金会和 Linux 基金会联合推出的"RISC-V 核心能力认证课程"的中文翻译校对工作。担任第三期"一生一芯"技术助教，提供系统软件和 IP 核等技术支撑，并向学生作相关报告支撑教学流程。本科毕业设计围绕 RISC-V 全系统教学实验开展，获得南京大学校级本科优秀论文二等奖。

刘志刚，中国科学院计算技术研究所硕士，主要研究方向包括计算机体系结构和开源处理器芯片设计。曾担任 RISC-V 开源高性能处理器"香山"项目缓存工作组的技术骨干，硕士课题围绕缓存架构设计和缓存一致性协议开展，相关研究成果落地应用于"香山"项目的缓存架构设计。曾参与国家重点研发计划"软件定义的云计算基础理论与方法"，负责标签化 RISC-V 单节点原型系统的缓存设计以及标签化 RISC-V 集群"火苗"系统的搭建。现从事 GPGPU 架构研发工作。

余子濠，中国科学院计算技术研究所工程师，研究方向包括开源处理器芯片敏捷设计和计算机系统教育。"一生一芯"计划的培养方案设计者和首席讲师，参与建设大规模人才培养流程。教学版模拟器 NEMU 和南京大学"计算机系统基础"课程实验 PA 的设计者。南京大学计算机全系统教学实验系列 Project-N 的联合设计者之一。研发的工具被 10 余所高校、组织和企业团队采用，支撑 RISC-V 开源高性能处理器"香山"的敏捷开发流程，相关工作被体系结构顶会 MICRO 录用，并获 IEEE Micro Top-Picks 论文奖。参与编写《计算机系统基础》（第 2 版）、《计算机组成与设计（基于 RISC-V 架构）》、《数字逻辑与计算机组成》等 7 本计算机专业核心教材，含教育部 "101 计划" 计算机系统导论课程建设主教材 2 本。

包云岗，现任中国科学院计算技术研究所副所长、研究员，北京开源芯片研究院首席科学家，中国科学院大学计算机学院副院长，担任中国开放指令生态（RISC-V）联盟秘书长、RISC-V 国际基金会理事会成员、中国计算机学会 CCF 开源发展委员会副主任。研究方向是计算机系统结构，包括数据中心体系结构、开源处理器芯片敏捷设计等。主持研制多款国际先进的设备与系统，相关技术在华为、阿里、英特尔、微软等企业得到应用。发表 70 余篇学术论文，包括 ASPLOS、CACM、HPCA、ISCA、MICRO、SIGCOMM、NSDI 等国内外一流学术会议与期刊。曾获 "CCF-IEEE CS" 青年科学家奖、北京市 "最美科技工作者"、共青团中央 "全国向上向善好青年" 等荣誉称号。

推荐序一

CPU（中央处理器）架构是芯片产业链和芯片生态的龙头。CPU 架构不仅决定了 CPU 芯片本身的性能，而且在很大程度上引领了整个芯片产业和产业生态，尤其是对设计人才培养、设计工具（EDA）、芯片 IP（Intellectual Property）库、芯片应用生态等方面有重大影响。此外，芯片的架构也影响到芯片的生产、测试、封装等环节。近年来，包含微处理器的 SoC（系统级芯片）产品在芯片产品中的比重已达到 70% 以上，这表明芯片应用与 CPU 架构之间的关联性正在增强。历史上，在 PC 和互联网时期，x86 架构芯片占据优势，而在移动互联网时期，ARM 架构芯片占据优势，今后，在智能互联时期，CPU 架构格局也会随之发生变化。

近年来，国际上一种新兴的开源精简指令集架构 CPU（RISC-V），为全球芯片产业创新发展提供了新的机遇。RISC-V 架构由美国加州大学伯克利分校计算机科学部门于 2010 年发布，它们创造了一种通用的计算机芯片指令集，以此来降低进入芯片行业的门槛。RISC-V 采取开源模式，这套指令集将被所有芯片制造商所使用，而不属于任何公司。用户可自由免费地使用该架构进行 CPU 设计、开发并添加自有指令集进行拓展，自主选择是否公开发行、商业销售、更换其他许可协议，或完全闭源使用。

现在，国际上围绕 RISC-V 的学术交流、产品发布、应用示范、生态建设等活动越来越兴旺，RISC-V 已成为当前芯片业界的"新宠"。正如该架构的领军人物 David Patterson 教授所说："技术创新正在兴起，创新的潜力永远存在"。最近 RISC-V 被《MIT 科技评论》评选为 2023 年"全球十大突破性技术"，评价为"芯片设计正走向开放、灵活，开源的 RISC-V 有望成为改变一切的芯片设计"。

开源 RISC-V 的出现顺应未来新一代信息技术的需求，其精简指令集符合 CPU 架构发展趋势，它所采用的开源模式也符合科学开放精神，大大降低了芯片产业门槛，人才培养便捷，研发周期缩短，这些都使其后续发展具备强大生命力。

为了更好地顺应时代发展需求，我们希望更多的人了解并加入 RISC-V 开源队伍。为此，中国科学院计算技术研究所组织翻译了 David Patterson 和 Andrew Waterman 的这本著作。他们两人都是 RISC-V 架构的设计者，为本书注入了他们创新 RISC-V

的灵感和热情，本书是推广 RISC-V 的一本优秀书籍。本书通过清晰而详尽的描述，向读者呈现了 RISC-V 架构的全貌，帮助读者深入了解 RISC-V 架构的核心原理和特点。首先，本书介绍了 RISC-V 的基本概念和设计原则，让读者对 RISC-V 有一个整体的认识。接着，本书深入讲解了 RISC-V 的指令集、寄存器、内存管理、异常处理等方面的内容，帮助读者理解和应用 RISC-V 的各项功能和特性。此外，本书还提供了丰富的图表和示例，帮助读者更好地理解 RISC-V。无论是对计算机科学领域的专业人士、学生还是 RISC-V 的开发者，本书都可以成为优秀的参考资料。

中国工程院 院士

推荐序二

几天前,云岗向我推荐本书并邀请我为其作序。

其实我一直在找一本能够把 RISC-V 架构讲清楚的书,所以我怀着激动兴奋的心情仔细阅读了这本书,并很快被书中的内容和讲解的角度所打动。本书不仅描述了 RISC-V 架构与对应的指令的功能,通俗易懂,而且非常清晰地讲解了这些指令设计背后的原理、思考和精髓,我深深体会到了帕特森祖师爷与沃特曼博士在体系结构上的功力。之前很多朋友问我:开源 RISC-V 到底开放了什么?是开源代码吗?本书清晰地解释了什么是"开放架构"、RISC-V 架构的"标准"定义了什么,以及为什么要这么定义。这本书仅用一百多页(其他架构书籍三分之一的篇幅)就讲清楚了 RISC-V,并且原汁原味地解释了 RISC-V 架构与其他架构的不同之处,同时对 RISC-V 的模块化、扩展性及先进性也做了很好的阐述。

本书非常适合刚开始学习 RISC-V 架构的学生使用,是一本非常浅显易懂的教材,它可以作为计算机体系结构的学习用书之一。在计算机体系结构量化研究方法中,我们已经可以学习到 RISC-V 的流水线、微架构等知识,但这本书对 RISC-V 架构进行了完整描述,更加完整地解释了指令架构、复杂功能和二进制编码等关键技术内容,可以作为 RISC-V 处理器设计的重要参考用书。本书内容精炼,容易上手,非常适合刚开始学习 RISC-V 的软硬件工程师使用。本书对 RISC-V 的指令定义精确,在使用 RISC-V 指令时可以作为随时备查的工具手册。本书内容组织方式高效,按照 RISC-V 模块化的指令定义展开,大家可以按照自己感兴趣的领域有选择地阅读。

本书的出版时间也是恰到好处。我从 2017 年开始接触 RISC-V,亲身经历了 RISC-V 技术高速发展的过程,才 5 年多的时间,RISC-V 就从基础架构扩展到今天的十多个扩展架构,指令从最初的 48 条增加到几百条。RISC-V 正在从一个充满书生气的架构走向可以与主流架构竞争的成熟架构,这时就需要有一本能够统领业界技术的经典教材,指引业界按照标准去设计,按照标准去学习,按照标准去使用。我们有理由相信,本书是 RISC-V 领域中最基础、最完整的书籍。我也相信在本书的基础上,会有更多的 RISC-V 相关书籍、教程出现,为 RISC-V 最终走向生态繁荣做出贡献。我相信,这是一本值得所有 RISC-V 人拥有的书籍。

　　同时也非常感谢中国科学院计算技术研究所包云岗老师带领的团队在 RISC-V 技术创新和普及方面所做出的贡献。正是有了这么一帮坚信 RISC-V 技术前景的年轻人，以及他们"因为相信，所以看见"的付出，才使得更多的人掌握了 RISC-V 技术。相信在全球新一轮计算机架构的创新浪潮中，将会越来越多地看到 RISC-V 在技术创新和产业应用中的身影。

平头哥半导体有限公司副总裁

推荐序三

经过几十年的发展，先后出现过 50 多种不同的指令集架构，但真正被广泛使用的不多，知名的有 Intel x86、MIPS、ARM、Sun 公司的 SPARC、IBM 公司的 Power 等，其中，Intel x86 系列处理器在 PC 和服务器市场占主导地位，而 ARM 架构在移动手持设备与嵌入式领域占绝对优势。近年来，RISC-V 作为新兴开放指令集架构得到了越来越多的关注，正如 RISC-V 国际基金会 CEO Calista Redmond 女士在 2023 RISC-V 中国峰会主旨报告中提到的那样："作为世界上最丰富和开放的指令集架构，如今 RISC-V 的发展已势不可挡，市场上已经有超过 100 亿颗 RISC-V 芯片。在 RISC-V 生态中，无论是企业还是工程师，每一个参与者都至关重要，RISC-V 也将为他们带来更多的机遇，而参与者也在发展的同时创造更多的 RISC-V 应用，加速丰富 RISC-V 生态"。

RISC-V 架构以开放共赢为基本原则，不属于任何一家商业公司，而是由一个统一的非营利组织作为主导者和核心规则制定者，任何公司和个人都可免费使用该架构，无须向任何商业公司支付高昂的授权费。RISC-V 遵循"大道至简"的设计哲学，通过模块化和可扩展的方式，既保持基础指令集的稳定，又保证扩展指令集的灵活配置，在简洁性、实现成本、功耗、性能和程序代码量等方面都有较显著的优势。从最简单的小面积、低功耗的嵌入式微控制器，到功能强大的服务器，都可以基于 RISC-V 指令集架构进行开发，相比于 ARM 和 x86 等主流商业架构，在 RISC-V 通用架构基础上实现专用领域加速器也是优点之一。RISC-V 指令集架构所具有的免费、开放、简单、模块化、易扩展等特性，加上目前推出的多款优秀的开源芯片及芯片敏捷开发方式，使得基于 RISC-V 架构的芯片开发门槛大大降低，吸引了越来越多的个人和企业加入 RISC-V 生态系统的开发队伍，业界也非常需要有一些具备 RISC-V 基础的从业者。

在计算机专业课程教学方面，涉及计算机组成与处理器设计的教材和课程都需要基于特定的指令集架构进行讲解。从原理上说，虽然采用任何一种 RISC 风格指令集架构作为模型机差别不大，但是 RISC-V 基本指令集的小型浓缩化、功能指令集的模块化、代码长度的可缩性、访存指令的简洁与灵活性、过程调用的简洁性、特权模式的可组合性、异常/中断处理的简洁和灵活性,以及无分支延迟槽等很多特性,都使得采用 RISC-V 架构进行相关教学更能阐述清楚上层软件与指令集架构之间、指令集架构与底层微架构之间的密切关系。

在过去的十几年,我们一直跟踪国外一流大学计算机组成与系统结构相关课程的教学,从这些大学相关课程网站了解到,UC Berkeley、MIT 和 CMU 等从 2017 年开始就陆续改用 RISC-V 架构作为模型机进行教学或开展 CPU 设计实验,这也从另一个方面说明了 RISC-V 指令集架构作为教学模型机的优越性。

2018 年,我们计划编写一本基于 RISC-V 架构的《计算机组成与设计》教材,在教材编写过程中,余子濠博士向我推荐了这本由计算机系统结构权威专家及 RISC-V 指令集架构设计者编写的书籍,并把中国科学院计算技术研究所包云岗团队翻译的第 1 版中文译本电子版发给了我。通过对该书的阅读学习,我对 RISC-V 架构有了更深入的理解,同时也对指令集架构在整个计算机系统中的重要性有了更深刻的认识。书中对不同指令集架构在成本、简洁性、性能、架构与实现的分离、预留编码空间、代码量、是否易于编程/编译/链接等方面的对比分析,包括一些有代表性的具体程序示例对比,都深刻地阐释了 RISC-V 指令系统架构设计的先进性。

对于计算机专业和电子工程专业的师生及计算机系统架构师和处理器设计者来说,本书具有极好的参考价值,书中对 RISC-V 各指令模块、汇编语言程序及使用的汇编指示符和伪指令、过程调用约定、链接与加载、浮点运算指令、原子指令、压缩形式指令、向量指令、特权模式与特权指令等内容进行了简明扼要的说明,通过阅读本书可以快速了解 RISC-V 指令集架构最基础的内容和最核心、最有价值的设计理念与设计思想。因此,本书可以作为相关课程教学的高阶课外读物,也可以从中选择一些内容作为课堂讨论的案例或话题。

袁春风

南京大学计算机科学与技术系 教授

好评来袭

这本恰逢其时的书简明扼要地介绍了简洁、免费、开放的 RISC-V，一款正在许多不同的计算领域迅速普及的 ISA。书中包含很多计算机体系结构方面的深刻见解，同时阐释了我们在设计 RISC-V 时做出的特定决策。我能想象本书将成为许多 RISC-V 从业者常用的参考指南。

——克尔斯泰·阿桑诺维奇（Krste Asanović），加州大学伯克利分校教授，四位 RISC-V 架构师之一

我喜欢 RISC-V 和这本书，因为它们优雅——简明扼要且完整。书中评论还提供了一些野史、设计的动机，以及对各种架构的评判。

——切斯特·戈登·贝尔（C. Gordon Bell），微软公司成员，Digital PDP-11 和 VAX-11 指令集架构的设计者

这本方便的小书轻松地总结了 RISC-V 指令集架构所有的基本要素，是学生和从业者的完美参考指南。

——兰迪·卡茨（Randy Katz），加州大学伯克利分校教授，RAID 存储系统的发明者之一

RISC-V 是学生学习指令集架构和汇编语言编程的绝佳选择，二者是后续使用高级语言的基础。本书清晰地介绍了 RISC-V，还包含对其演化历史的深刻见解，以及与其他常见架构的对比。以过去的指令集架构为鉴，RISC-V 的设计者能规避一些不必要、不合理的特性，使其易于教学。虽然它很简洁，但它的强大足以在实际应用中广泛使用。很久以前，我教过汇编语言编程的入门课，如果我现在去教这门课，我很乐意用本书作为教材。

——约翰·马沙（John Mashey），MIPS 指令集架构的设计者之一

本书讲述了 RISC-V 能做什么，以及其设计者为何赋予 RISC-V 这些能力。更有趣的是，作者介绍了为何 RISC-V 不支持早期计算机的部分特性。这些原因至少和 RISC-V 的取舍一样有趣。

——伊凡·苏泽兰（Ivan Sutherland），图灵奖得主，被称为"计算机图形学之父"

RISC-V 将变革世界，本书将助您加入这场变革。

——迈克尔·贝德福特·泰勒（Michael B. Taylor），华盛顿大学教授

本书对于 RISC-V ISA 的所有从业人士来说是十分宝贵的参考资料。操作码按几种有用的格式呈现，便于快速查阅，也易于汇编代码的开发和解释。此外，书中关于如何使用 RISC-V 的阐释和示例能让程序员的工作更轻松。书中 RISC-V 和其他 ISA 的对比很有趣，也展示了 RISC-V 设计者做出设计决策的原因。

——梅根·瓦克斯（Megan Wachs），博士，SiFive 工程师

缘起

大约四个月前的一天，我收到加州大学伯克利分校毕业的谭章熹博士的消息：图灵奖得主 David Patterson 教授（谭博士的导师）希望将他和 Andrew Waterman 一起完成的 *The RISC-V Reader* 翻译成中文。这让我想起了大约四年前的一天，我收到了正在加州大学伯克利分校做博士后的钱学海博士的邮件，告知 David Patterson 教授希望将他和 Krste Asanović 教授一起撰写的文章在中文杂志上发表。当我收到中文翻译稿《指令系统应该免费：RISC-V 的案例》后，动用了专栏编委的一点小权力，立刻向《中国计算机学会通讯》强烈推荐了这篇文章。文章很快于 2015 年 2 月发表，然而略显遗憾的是，彼时它并未得到广泛关注，不过却让我们团队"近水楼台先得月"，成为国内最早将体系结构前沿研究全面转到了 RISC-V 平台的团队。这一次，怀着对 RISC-V 的感激之情、对 Patterson 教授的敬仰之心，更是为了便于更多中国爱好者了解 RISC-V，我欣然接受了谭博士的邀请。

过去几年深入接触 RISC-V 后，我心中时常呈现出一种愿景——RISC-V 很可能像 Linux 那样开启开源芯片设计的黄金时代。事实上，伯克利的科研"侠客们"发明 RISC-V 就是希望"Instruction Sets Want to be Free"——全世界任何公司、大学、研究机构与个人都可以开发兼容 RISC-V 指令集的处理器，都可以融入基于 RISC-V 构建的软硬件生态系统，而不需要为指令集付一分钱。这是伟大的理想！

在开源软件生态中，Linux 是整个生态的基石。基于 Linux，人们开发了 Python、LLVM、GCC 等完整的工具链，创造了 MySQL、Apache、Hadoop 等大量开源软件，实验各种创新思想与技术，逐渐形成一个价值超过 150 亿美元的开源软件生态。这对中国互联网产业的意义尤为重大，不仅提升了 BAT 等互联网企业的技术研发能力，也大大降低了互联网产业创新的门槛，如今 3 ~ 5 位开发人员在几个月时间里就能快速开发出一个互联网应用。在芯片设计领域，RISC-V 有望像 Linux 那样成为计算机芯片与系统创新的基石。但是只有 RISC-V 又是远远不够的，更重要的是形成一个基于 RISC-V 的开源芯片设计生态，包括开源工具链、开源 IP、开源 SoC 等。

　　RISC-V 还只是星星之火，却已展露出燎原之潜力。作为全世界最大的芯片用户，中国一直希望能把芯片产业做大做强，各方也都在努力。借鉴开源软件对于中国互联网产业发展的作用，开源芯片设计也许是一条值得尝试的道路。希望本书能成为这条道路上的一个小路标。

译者序

向高校师生和从业人士推荐本书

在计算机专业本科教学中，指令集是一个较为抽象的概念。传统的课程设置针对计算机系统抽象层横向切分，每门课程都围绕一个抽象层开展教学，包括数字逻辑电路、计算机组成原理、汇编程序设计、操作系统、编译原理等。各课程间虽然分工明确，但缺少联系，学生对计算机系统难以形成完整的认识。例如，汇编程序设计课程围绕指令集开展教学，但主要介绍指令的格式和功能，以及汇编程序的阅读和设计，未与计算机系统中的其他抽象层建立关联，使得学生无法理解指令集的意义及其在计算机系统中的作用，甚至认为指令集和汇编语言是过时的底层知识。因此，"一生一芯"计划[1]尝试从另一个角度讲解指令集：向学生展示 RISC-V 指令集的设计对程序和硬件有何影响，而不是按照指令集手册机械地讲解指令的格式和功能。

本书高度契合上述需求。原书的两位作者均为 RISC-V 指令集的设计者，同时也是资深的计算机架构师，RISC-V 指令集的优秀设计体现了他们对整个计算机系统的深刻理解，包括程序、编译、链接、操作系统、微结构、电路等多个方面。书中首先提出一款指令集的 7 个评价指标，包括成本、简洁、性能、架构和实现分离、提升空间、代码大小、易于编程/编译/链接，然后围绕这 7 个评价指标从全系统角度向读者介绍 RISC-V 的精巧设计和众多的取舍考量。例如，RISC-V 架构师精心排布指令格式中的立即数字段，可节省处理器设计的门电路数量；RISC-V 把全 0 指令作为非法指令，能让处理器更早捕捉到程序跳转到被清零内存区域的错误，从而降低此类错误的调试难度；RISC-V 并未像 MIPS 那样采用延迟分支技术，是因为该技术违反架构和实现分离的原则。同时，本书还介绍 x86、ARM 和 MIPS 的设计，并通过插入排序和 DAXPY（双精度乘加）程序量化对比它们，突出 RISC-V 的优势，深入阐释指令集设计对计算机系统的影响。

---

[1] "一生一芯"计划是由中国科学院大学和中国科学院计算技术研究所发起的芯片类开放式公益性人才培养计划，通过开源新赛道和贯通式实践型课程，培养处理器芯片设计人才。

　　我们将本书强烈推荐给计算机专业和电子专业数字电路方向的师生，以及处理器芯片和 RISC-V 相关方向的从业人士。如果您是学生，本书将是一本优秀的课外读物，有助于您建立完整的计算机系统观念；如果您是教师，本书将为您提供丰富的真实案例，能给您的教学工作带来新的启发；如果您是相关方向的从业人士，本书除了开拓您的视野，还是一本方便的小型参考手册，帮助您更轻松地完成工作。

译本的历史

　　原书第 1 版于 2017 年出版，是一本极好的 RISC-V 读本。2018 年 7 月，我们了解到大卫·帕特森（David Patterson）教授希望把原书翻译成中文的想法（详见"缘起"），便欣然接受，马上成立翻译团队，并通过 Microsoft Word 开展原书的翻译工作。2018 年 11 月，我们完成原书第 1 版的译本，并以电子版的形式免费发布。

　　2021 年 10 月，我们收到原书作者之一安德鲁·沃特曼（Andrew Waterman）的消息，电子工业出版社的刘皎编辑联系了原书作者团队，希望将译本以纸质方式出版，以推动 RISC-V 在中国地区的发展。原书作者与我们取得联系，三方达成共识，我们获得原书的 LaTeX 工程。从交流中得知，原书第 2 版的撰写工作也正在开展。我们随后开展第 2 版译本的第 1 阶段翻译工作，但彼时翻译团队的黄成和刘志刚已从中国科学院计算技术研究所毕业且忙于工作，第 1 阶段的翻译工作主要由勾凌睿开展。第 1 阶段的工作包括从 Word 向 LaTeX 工程迁移、增加部分新内容、修正已知错误，以及一定程度的润色。2022 年 6 月，第 1 阶段的翻译工作基本完成。

　　2022 年 10 月，余子濠在第五期"一生一芯"计划的教学环节介绍 RISC-V 指令集，在备课过程中查阅第 1 版译本，发现仍有不少需要改进之处。彼时，余子濠有若干教材的出版经验，便与勾凌睿商量，同时邀请彼时为中国科学院计算技术研究所一年级直博生的陈璐加入翻译团队，三人共同开展第 2 版译本的第 2 阶段翻译工作。第 2 阶段的翻译工作主要对全书进行更细致的校对，重点修正语句不通顺、语言表达不符合中文习惯等问题，也推敲了原书的部分英文表述，期望给读者带来更好的阅读体验。2023 年 2 月，三人完成全书所有章节的校对，并相互交换审阅意见，第 2 阶段的翻译工作基本结束。

第 2 版译本的修订内容

　　我们对比了原书第 2 版相对于原书第 1 版的主要变化：

- 新增了若干扩展的章节。
- 卷首添加了数条好评。
- 前言的"致谢"中新增了对翻译版本的描述。
- 新增了附录 B，介绍如何将 RISC-V 翻译到其他 ISA。
- 特权架构章节添加了一些图，包括异常中断相关 CSR 和委托机制 CSR 的示意图；还添加了"标识和性能 CSR"小节，以及相应的示意图。
- 为页边的图标添加了文字说明。
- 更新了一些标准、机构、书籍的版本或名称，包括将 IEEE 754—2008 标准更新到 IEEE 754—2019 版本，将 RISC-V 基金会（RISC-V Foundation）更名为 RISC-V 国际基金会（RISC-V International），将计算机组成与设计（RISC-V 版）更新到第二版，MIPS 指令集的归属也一再发生变化等。
- 修正了若干错误。

　　我们获得的原书 LaTeX 工程中已包含原书第 2 版新增扩展章节的部分初稿，但在开展第 2 版译本的翻译工作时，原书作者尚未完成新增扩展章节的撰写。我们讨论后决定，第 2 版译本的主要内容仍然基于原书第 1 版，但吸收了上述变化中除新增扩展章节外的其他内容，同时通过脚注标注翻译工作开展时 RISC-V 指令集的发展情况。此处我们暂不透露新增扩展章节的具体内容，欢迎读者关注原书第 2 版的出版！

　　此外，我们还调整了书名 *The RISC-V Reader* 的翻译。第 1 版译本将书名翻译为《RISC-V 手册》，余子濠认为这容易与 RISC-V 的官方指令集手册 *The RISC-V Instruction Set Manual* 混淆，讨论后决定在第 2 版译本中更改为《RISC-V 开放架构设计之道》。

　　最后，我们也决定将第 2 版译本以电子版的形式发布，读者可访问"链接 1"或"链接 2"免费获取。电子版与纸质版的排版布局稍有不同，特此说明。

致谢

　　由于第 1 版译本的翻译工作较为仓促，发布电子版后我们收到各方读者通过各种渠道提出的反馈意见，包括在 GitHub 上提出 issue 或 pull request 的 rill-zhen、YohnWang、YingkunZhou、lizhm82、PulseRainmaker、LoveZJT、qian-gu、xingjiahao、sunshaoce、marryjianjian、unlsycn、strongwong 等用户。感谢 GitHub 用户 tiansiyuan 将第 1 版译本转换为 Markdown 格式，为译本增加了 GitBook、MOBI 等多种呈现形式，推动了第 1 版译本的传播。参加"一生一芯"计划的张炀杰同学和宋铸恒同学也向助教反馈了若干错误。还有很多通过邮件、微信等方式提出宝贵意见和建议的读者，此处不一一列举。我们对这些读者表示衷心感谢，他们的反馈极大地提升了第 2

版译本的质量。正是因为他们的鞭策和鼓励，我们才能完成第 2 版译本的翻译工作。

感谢从中国科学院计算技术研究所毕业的黄成硕士对书中第 4、5、6 章新增若干内容，修正若干错误并润色，帮助我们推进第 2 版译本的翻译工作。

感谢原书作者大卫·帕特森和安德鲁·沃特曼，我们在开展翻译工作的过程中精读了原书，从中也学习到很多！我们衷心希望第 2 版译本的出版能让国内更多读者了解原书的优秀之处以及 RISC-V 的设计理念。

感谢原书作者提供的 LaTeX 工程，得益于此，我们能方便地修改图表中的文字，而无须以截图附文本框的形式进行翻译。另外，它也极大地简化了排版工作，使我们能专注于翻译内容。

感谢电子工业出版社为本书的出版工作提供了极大的支持，特别感谢刘皎编辑，她极其专业和非常细致的审校与编辑工作为本书的出版质量提供了可靠保证。

结语

本书是 *The RISC-V Reader* 第 1 版的中文译本第 2 版，在内容上力求准确地还原原书的表述。但是，由于我们水平有限，在译本中难免存在不当或疏漏之处，恳请广大读者对本书的不足之处给予指正，以便在后续版本中予以改进。

陈璐　勾凌睿　余子濠

2023 年 11 月 18 日

前言

欢迎!

RISC-V 自 2010 年诞生以来迅速发展并普及。我们认为一本精巧的程序员指南将有助于推动它的发展,还能让初学者理解 RISC-V 指令集具有吸引力的原因,并了解它与传统指令集架构(ISA)的不同之处。

本书受到其他指令集架构书籍的启发,但由于 RISC-V 自身非常简洁,我们希望能写得比 500 多页的优秀书籍(如 *See MIPS Run*)更精巧。我们把篇幅控制在这些优秀书籍的 1/3,至少在这个意义上我们成功了。实际上,书中前 10 章介绍了模块化 RISC-V 指令集的每个组成部分,总共只用了 136 页,尽管平均每页插入了一张图片(共 97 张)。

阐释指令集设计原则后,我们展示了 RISC-V 架构师如何从过去 40 年的指令集中吸取经验教训,取其精华,去其糟粕。要评价一款 ISA,既要究其所取,也要究其所舍。

随后,我们通过一系列章节介绍这个模块化架构的每个组成部分。每章都包含一个 RISC-V 汇编语言程序,以展示该章所述指令的用法,从而帮助汇编语言程序员学习 RISC-V 代码。有时,我们还会用 ARM、MIPS 和 x86 列出同一个程序的代码,从而突出 RISC-V 的简洁性,以及在成本、功耗、性能之间权衡的优势。

为提升本书的趣味性,我们在页边加入约 50 段花絮,用于介绍关于正文内容的有趣评论。我们还充分利用页边的空间,在页边加入约 110 张图片,用于强调好的 ISA 设计示例。最后,我们为愿意钻研的读者在全书中加入约 30 段补充说明。如果你对某个主题感兴趣,可以深入研读这些可选部分。略过此部分不会影响你对书中其他内容的理解,所以,如果你不感兴趣,则可以放心跳过它们。我们为计算机体系结构爱好者援引约 30 篇论文和书籍,它们能够开阔你的视野。在编写本书的过程中,我们也从中获益匪浅!

为什么这么多名言引用

我们认为名言引用能提升本书的趣味性，因此在全书中穿插了 25 段名言。这些名言是向初学者传递先驱智慧的一种有效方式，同时也有助于为好的 ISA 设计建立文化标准。我们希望读者能了解一些领域发展史，因此在全书中引用了众多著名计算机科学家和工程师的名言。

导言和参考

我们希望这本精巧的书能成为对 RISC-V 的介绍和参考资料，供有兴趣编写 RISC-V 代码的学生和嵌入式系统程序员使用。本书假设读者已了解至少一款指令集；否则，你可能会希望阅读我们编写的基于 RISC-V 的体系结构入门书籍：*Computer Organization and Design RISC-V Edition，Second Edition：The Hardware Software Interface*[1]。

本书中参考性质的内容包括：

- **参考卡**——这一页（两面）的 RISC-V 总览囊括了 RV32GCV 和 RV64GCV，其中包含基础指令集和所有已定义的指令扩展：RVI、RVM、RVA、RVF、RVD、RVC，以及尚处在开发阶段的 RVV[2]。
- **指令示意图**——每章的第一张图片以半页的图形方式分别介绍每个指令扩展，其中通过一种易读的格式列出所有 RISC-V 指令的全称，让你轻松查看每条指令的不同变种。见图 2.1、图 4.1、图 5.1、图 6.1、图 7.1、图 8.1、图 9.1、图 9.2、图 9.3、图 9.4 和图 10.1。
- **操作码表**——这些表格在一页中展示一个指令扩展的指令布局、操作码、格式类型和指令助记符。见图 2.3、图 3.3、图 3.4、图 4.2、图 5.2、图 5.3、图 6.2、图 7.4、图 7.5、图 7.6、图 9.5 和图 10.2。
- **指令列表**——附录 A 是对每条 RISC-V 指令和伪指令的详细介绍[3-4]，包括操作名称和操作数、自然语言描述、寄存器传输语言定义、所在的 RISC-V 扩展、指令全称、指令格式、一张带操作码的指令编码示意图，以及对应的压缩形式。令

---

[1]译者注：该书的第 1 版有中文翻译版——《计算机组成与设计：硬件/软件接口》（RISC-V 版）。

[2]译者注：到 2023 年 2 月，已定义的指令扩展还包括 RVQ、RVB、RVK、RVH 等，RVV 也已冻结。我们暂时按原书第 1 版的说法翻译，并在脚注中补充若干译者翻译时得知的最新信息。

[3]RVV 小组尚未在本书编写时完成 RV32V 指令集 beta 版本的冻结，所以，我们未在附录 A 中列出这些指令。我们在第 8 章中尽可能猜测 RV32V 的最终内容，但预计最后仍有少量变动。

[4]译者注：RVV 1.0 版本于 2021 年 9 月冻结，彼时原书作者正在开展原书第 2 版的编写工作。但在译本的翻译工作接近尾声时，原书第 2 版尚未完成编写，因此译本仍然沿用原书第 1 版的大部分内容。

人惊讶的是，这些内容加起来不到 50 页。

- **指令翻译方法**——附录 B 通过表格列出与 RV32I 指令等价的 ARM-32 和 x86-32 指令，这对经验丰富的汇编语言程序员有帮助。此外，还列出一个简单的树遍历 C 程序在三种指令集架构下的编译结果，以及三者之间惊人的细微差别。附录结尾包含把已有架构代码翻译到 RISC-V 的若干建议，翻译工作也许比你想象的更简单。
- **索引**——它按字典序排列，有助于你通过指令全称或助记符找到描述指令说明、定义或示意图的页面。

勘误和补充内容

我们计划收集勘误，每年发布若干次更新。本书将在网站上发布最新版本，同时简单介绍相对上一版本的变动。读者可在本书的网站（"链接 1"）上查看历史勘误，或提交新的勘误。我们提前为你在此版本中发现的问题致歉，同时也期待你的反馈意见，来帮助我们改进本书。

本书的历史

在 2017 年 5 月 8 日—11 日于上海举办的第六届 RISC-V 研讨会上，我们了解到从业者对这本书的需求，几周后我们开始编写本书。考虑到帕特森在书籍撰写方面的丰富经验，我们当时计划请他编写大部分章节。我们两人共同组织内容结构，并担任彼此的首位审稿人。帕特森编写了第 1、2、3、4、5、6、7、8、9、11 章、参考卡和前言，沃特曼编写了第 10 章和附录 A（本书篇幅最长的部分）、附录 B，并编写了书中全部程序。沃特曼还维护了阿曼多·福克斯（Armando Fox）提供的 LaTeX 工具，使我们能制作本书。

我们在 2017 年秋季学期为加州大学伯克利分校的 800 名学生提供了本书的 beta 版本。当时读者只找到了一些笔误和 LaTeX 程序的问题，这些问题已在第 1 版中修正/订。我们还改进了页边的图标，让其更容易记忆，同时也修订了若干印刷效果不如预期的图片。

更重要的是，第 1 版丰富了第 10 章，增加了超过 60 个控制状态寄存器的介绍，还增加了附录 B，从而帮助那些想把已有 ISA 的汇编代码转换成 RISC-V 的程序员。

第 1 版于 2017 年 11 月 28 日—30 日在硅谷举办的第七届 RISC-V 研讨会上准

时发布。

RISC-V 是伯克利一个研究项目[1] 的副产品，该项目致力于简化并行软硬件构建技术。

致谢

我们感谢阿曼多·福克斯（Armando Fox），因为我们使用了他的 LaTeX 工具，同时他还向我们提供了出版方面的个人建议。

我们把最深切的感谢献给那些阅读本书的初稿并提供宝贵建议的人：克尔斯泰·阿桑诺维奇（Krste Asanović）、尼克尔·阿瑟雷亚（Nikhil Athreya）、切斯特·戈登·贝尔（C. Gordon Bell）、斯图尔特·霍德（Stuart Hoad）、戴维·坎特尔（David Kanter）、约翰·马沙（John Mashey）、伊凡·苏泽兰（Ivan Sutherland）、泰德·斯皮尔斯（Ted Speers）、迈克尔·泰勒（Michael Taylor）、梅根·瓦克斯（Megan Wachs）。

最后，我们感谢加州大学伯克利分校的学生在调试方面的帮助以及他们对本书的持续热忱！

我们还要感谢各位译者，他们让读者能免费获取本书的中文、日语、葡萄牙语和西班牙语版本（见"链接 3"）。

大卫·帕特森　安德鲁·沃特曼

2017 年 11 月 16 日于加州伯克利

---

[1]见"链接 2"。

开源 RISC-V 参考卡 ①

基础整数指令集: RV32I 和RV64I

类别	名称	类型	基础RV32I	+RV64I
移位	逻辑左移	R	SLL rd,rs1,rs2	SLLW rd,rs1,rs2
	逻辑左移立即数	I	SLLI rd,rs1,shamt	SLLIW rd,rs1,shamt
	逻辑右移	R	SRL rd,rs1,rs2	SRLW rd,rs1,rs2
	逻辑右移立即数	I	SRLI rd,rs1,shamt	SRLIW rd,rs1,shamt
	算术右移	R	SRA rd,rs1,rs2	SRAW rd,rs1,rs2
	算术右移立即数	I	SRAI rd,rs1,shamt	SRAIW rd,rs1,shamt
算术	加	R	ADD rd,rs1,rs2	ADDW rd,rs1,rs2
	加立即数	I	ADDI rd,rs1,imm	ADDIW rd,rs1,imm
	减	R	SUB rd,rs1,rs2	SUBW rd,rs1,rs2
	装入高位立即数	U	LUI rd,imm	
	PC加高位立即数	U	AUIPC rd,imm	
逻辑	异或	R	XOR rd,rs1,rs2	
	异或立即数	I	XORI rd,rs1,imm	
	或	R	OR rd,rs1,rs2	
	或立即数	I	ORI rd,rs1,imm	
	与	R	AND rd,rs1,rs2	
	与立即数	I	ANDI rd,rs1,imm	
比较-置位	小于则置位	R	SLT rd,rs1,rs2	
	小于立即数则置位	I	SLTI rd,rs1,imm	
	无符号小于则置位	R	SLTU rd,rs1,rs2	
	无符号小于立即数则置位	I	SLTIU rd,rs1,imm	
分支	相等时分支	B	BEQ rs1,rs2,imm	
	不等时分支	B	BNE rs1,rs2,imm	
	小于时分支	B	BLT rs1,rs2,imm	
	大于或等于时分支	B	BGE rs1,rs2,imm	
	无符号小于时分支	B	BLTU rs1,rs2,imm	
	无符号大于或等于时分支	B	BGEU rs1,rs2,imm	
跳转并链接	跳转并链接	J	JAL rd,imm	
	寄存器跳转并链接	I	JALR rd,imm(rs1)	
同步	同步线程	I	FENCE	
	同步指令和数据	I	FENCE.I	
环境	环境调用	I	ECALL	
	环境断点	I	EBREAK	

控制状态寄存器(CSR)

		类型		
	读后写	I	CSRRW rd,csr,rs1	
	读后置位	I	CSRRS rd,csr,rs1	
	读后清位	I	CSRRC rd,csr,rs1	
	读后写立即数	I	CSRRWI rd,csr,imm	
	读后置位立即数	I	CSRRSI rd,csr,imm	
	读后清位立即数	I	CSRRCI rd,csr,imm	

类别	名称	类型	基础RV32I	+RV64I
取数	取字节	I	LB rd,imm(rs1)	
	取半字	I	LH rd,imm(rs1)	
	取无符号字节	I	LBU rd,imm(rs1)	
	取无符号半字	I	LHU rd,imm(rs1)	
	取字	I	LW rd,imm(rs1)	LWU rd,imm(rs1)
				LD rd,imm(rs1)
存数	存字节	S	SB rs2,imm(rs1)	
	存半字	S	SH rs2,imm(rs1)	
	存字	S	SW rs2,imm(rs1)	SD rs2,imm(rs1)

RV 特权指令

类别	名称	类型	RV 助记符
自陷	M模式异常返回	R	MRET
	S模式异常返回	R	SRET
中断	等待中断	R	WFI
MMU	虚拟存储屏障	R	SFENCE.VMA rs1,rs2

60 条RV 伪指令举例

	类型	
等于0时分支 (即 BEQ rs,x0,imm)	B	BEQZ rs,imm
跳转 (即 JAL x0,imm)	J	J imm
传送 (即 ADDI rd,rs,0)	I	MV rd,rs
返回 (即 JALR x0,0(ra))	I	RET

可选 (16 位) 压缩指令扩展: RV32C

类别	名称	类型	RVC	等价的RISC-V 指令
取数	取字	CL	C.LW rd',imm(rs1')	LW rd',imm*4(rs1')
	相对栈指针取字	CI	C.LWSP rd,imm	LW rd,imm*4(sp)
	取浮点字	CL	C.FLW rd',imm(rs1')	FLW rd',imm*4(rs1')
	相对栈指针取浮点字	CI	C.FLWSP rd,imm	FLW rd,imm*4(sp)
	取浮点双字	CL	C.FLD rd',imm(rs1')	FLD rd',imm*8(rs1')
	相对栈指针取浮点双字	CI	C.FLDSP rd,imm	FLD rd,imm*8(sp)
存数	存字	CS	C.SW rs2',imm(rs1')	SW rs2',imm*4(rs1')
	相对栈指针存字	CSS	C.SWSP rs2,imm	SW rs2,imm*4(sp)
	存浮点字	CS	C.FSW rs2',imm(rs1')	FSW rs2',imm*4(rs1')
	相对栈指针存浮点字	CSS	C.FSWSP rs2,imm	FSW rs2,imm*4(sp)
	存浮点双字	CS	C.FSD rs2',imm(rs1')	FSD rs2',imm*8(rs1')
	相对栈指针存浮点双字	CSS	C.FSDSP rs2,imm	FSD rs2,imm*8(sp)
算术	加	CR	C.ADD rd,rs2	ADD rd,rd,rs2
	加立即数	CI	C.ADDI rd,imm	ADDI rd,rd,imm
	栈指针加16倍立即数	CI	C.ADDI16SP imm	ADDI sp,sp,imm*16
	栈指针加无损加4倍立即数	CIW	C.ADDI4SPN rd',imm	ADDI rd',sp,imm*4
	减	CA	C.SUB rd',rs2'	SUB rd',rd',rs2'
	与	CA	C.AND rd',rs2'	AND rd',rd',rs2'
	与立即数	CB	C.ANDI rd',imm	ANDI rd',rd',imm
	或	CA	C.OR rd',rs2'	OR rd',rd',rs2'
	异或	CA	C.XOR rd',rs2'	XOR rd',rd',rs2'
	传送	CR	C.MV rd,rs2	ADD rd,x0,rs2
	装入立即数	CI	C.LI rd,imm	ADDI rd,x0,imm
	装入高位立即数	CI	C.LUI rd,imm	LUI rd,imm
移位	逻辑左移立即数	CI	C.SLLI rd',imm	SLLI rd',rd',imm
	算术右移立即数	CB	C.SRAI rd',imm	SRAI rd',rd',imm
	逻辑左移立即数	CB	C.SRLI rd',imm	SRLI rd',rd',imm
分支	等于0时分支	CB	C.BEQZ rs1',imm	BEQ rs1',x0,imm
	不等于0时分支	CB	C.BNEZ rs1',imm	BNE rs1',x0,imm
跳转	跳转	CJ	C.J imm	JAL x0,imm
	寄存器跳转	CR	C.JR rs1	JALR x0,0(rs1)
跳转并链接	跳转并链接	CJ	C.JAL imm	JAL ra,imm
	寄存器跳转并链接	CR	C.JALR rs1	JALR ra,0(rs1)
系统	环境断点	CR	C.EBREAK	EBREAK

可选压缩扩展: RV64C

所有RV32C (除C.JAL, 4条取字指令和4条存字指令) 加上:	
加字 (C.ADDW)	取双字 (C.LD)
加立即数字 (C.ADDIW)	相对栈指针取双字 (C.LDSP)
减字 (C.SUBW)	存双字 (C.SD)
	相对栈指针存双字 (C.SDSP)

32 位指令类型

	31	27 26 25	24	20	19 15	14 12	11 7	6 0
R	funct7		rs2		rs1	funct3	rd	opcode
I	imm[11:0]				rs1	funct3	rd	opcode
S	imm[11:5]		rs2		rs1	funct3	imm[4:0]	opcode
B	imm[12 10:5]		rs2		rs1	funct3	imm[4:1 11]	opcode
U	imm[31:12]						rd	opcode
J	imm[20 10:1 11 19:12]						rd	opcode

16 位 (RVC) 指令类型

	15 14 13	12	11 10 9 8	7	6 5	4 3 2	1 0
CR	funct4		rd/rs1			rs2	op
CI	funct3	imm	rd/rs1			imm	op
CSS	funct3		imm			rs2	op
CIW	funct3		imm			rd'	op
CL	funct3		imm	rs1'		imm	rd'	op
CS	funct3		imm	rs1'		imm	rs2'	op
CA	funct6		rd'/rs1'		funct2	rs2'	op
CB	funct3	offset	rd'/rs1'		offset	op
CJ	funct3		jump target				op

RISC-V 基础整数指令集 (RV32I/64I), 特权指令和可选的RV32/64C。寄存器x1~x31和PC在RV32I中是32位, 在RV64I中是64位 (x0=0)。RV64I添加了用于处理更宽数据的12条指令。每条16位RVC指令都映射到已有的32位RISC-V指令。

可选乘除指令扩展：RVM

类别	名称	类型	RV32M（乘除法）		+RV64M	
乘	乘	R	MUL	rd,rs1,rs2	MULW	rd,rs1,rs2
	高位乘	R	MULH	rd,rs1,rs2		
	高位有符号-无符号乘	R	MULHSU	rd,rs1,rs2		
	高位无符号乘	R	MULHU	rd,rs1,rs2		
除	除	R	DIV	rd,rs1,rs2	DIVW	rd,rs1,rs2
	无符号除	R	DIVU	rd,rs1,rs2	DIVUW	rd,rs1,rs2
求余数	求余数	R	REM	rd,rs1,rs2	REMW	rd,rs1,rs2
	求无符号余数	R	REMU	rd,rs1,rs2	REMUW	rd,rs1,rs2

可选原子指令扩展：RVA

类别	名称	类型	RV32A（原子操作）		+RV64A	
取数	预订取数	R	LR.W	rd,(rs1)	LR.D	rd,(rs1)
存数	条件存数	R	SC.W	rd,rs2,(rs1)	SC.D	rd,rs2,(rs1)
交换	交换	R	AMOSWAP.W	rd,rs2,(rs1)	AMOSWAP.D	rd,rs2,(rs1)
加	加	R	AMOADD.W	rd,rs2,(rs1)	AMOADD.D	rd,rs2,(rs1)
逻辑	异或	R	AMOXOR.W	rd,rs2,(rs1)	AMOXOR.D	rd,rs2,(rs1)
	与	R	AMOAND.W	rd,rs2,(rs1)	AMOAND.D	rd,rs2,(rs1)
	或	R	AMOOR.W	rd,rs2,(rs1)	AMOOR.D	rd,rs2,(rs1)
最小/最大	最小	R	AMOMIN.W	rd,rs2,(rs1)	AMOMIN.D	rd,rs2,(rs1)
	最大	R	AMOMAX.W	rd,rs2,(rs1)	AMOMAX.D	rd,rs2,(rs1)
	无符号最小	R	AMOMINU.W	rd,rs2,(rs1)	AMOMINU.D	rd,rs2,(rs1)
	无符号最大	R	AMOMAXU.W	rd,rs2,(rs1)	AMOMAXU.D	rd,rs2,(rs1)

两个可选浮点指令扩展：RVF & RVD

类别	名称	类型	RV32{F|D}（单/双精度浮点）		+RV64{F|D}	
传送	从整数传送	R	FMV.W.X	rd,rs1	FMV.D.X	rd,rs1
	向整数传送	R	FMV.X.W	rd,rs1	FMV.X.D	rd,rs1
转换	从整数转换	R	FCVT.{S|D}.W	rd,rs1	FCVT.{S|D}.L	rd,rs1
	从无符号整数转换	R	FCVT.{S|D}.WU	rd,rs1	FCVT.{S|D}.LU	rd,rs1
	向整数转换	R	FCVT.W.{S|D}	rd,rs1	FCVT.L.{S|D}	rd,rs1
	向无符号整数转换	R	FCVT.WU.{S|D}	rd,rs1	FCVT.LU.{S|D}	rd,rs1
取数	取数	I	FL{W,D}	rd,imm(rs1)		
存数	存数	S	FS{W,D}	rs2,imm(rs1)		
算术	加	R	FADD.{S|D}	rd,rs1,rs2		
	减	R	FSUB.{S|D}	rd,rs1,rs2		
	乘	R	FMUL.{S|D}	rd,rs1,rs2		
	除	R	FDIV.{S|D}	rd,rs1,rs2		
	求平方根	R	FSQRT.{S|D}	rd,rs1		
乘加	乘加	R4	FMADD.{S|D}	rd,rs1,rs2,rs3		
	乘减	R4	FMSUB.{S|D}	rd,rs1,rs2,rs3		
	乘减取负	R4	FNMSUB.{S|D}	rd,rs1,rs2,rs3		
	乘加取负	R4	FNMADD.{S|D}	rd,rs1,rs2,rs3		
符号注入	符号	R	FSGNJ.{S|D}	rd,rs1,rs2		
	符号取反	R	FSGNJN.{S|D}	rd,rs1,rs2		
	符号异或	R	FSGNJX.{S|D}	rd,rs1,rs2		
最小/最大	最小	R	FMIN.{S|D}	rd,rs1,rs2		
	最大	R	FMAX.{S|D}	rd,rs1,rs2		
比较	浮点相等	R	FEQ.{S|D}	rd,rs1,rs2		
	浮点小于	R	FLT.{S|D}	rd,rs1,rs2		
	浮点小于或等于	R	FLE.{S|D}	rd,rs1,rs2		
分类	分类	R	FCLASS.{S|D}	rd,rs1		
配置	读状态寄存器	R	FRCSR	rd		
	读舍入模式	R	FRRM	rd		
	读异常标志	R	FRFLAGS	rd		
	交换状态寄存器	R	FSCSR	rd,rs1		
	交换舍入模式	R	FSRM	rd,rs1		
	交换异常标志	R	FSFLAGS	rd,rs1		

调用约定

寄存器	ABI 名称	保存者
x0	zero	---
x1	ra	调用者
x2	sp	被调用者
x3	gp	---
x4	tp	---
x5-7	t0-2	调用者
x8	s0/fp	被调用者
x9	s1	被调用者
x10-11	a0-1	调用者
x12-17	a2-7	调用者
x18-27	s2-11	被调用者
x28-31	t3-t6	调用者
f0-7	ft0-7	调用者
f8-9	fs0-1	被调用者
f10-17	fa0-1	调用者
f12-17	fa2-7	调用者
f18-27	fs2-11	被调用者
f28-31	ft8-11	调用者

zero	硬连线为0
ra	返回地址
sp	栈指针
gp	全局指针
tp	线程指针
t0-0,ft0-7	临时寄存器
s0-11,fs0-11	保存寄存器
a0-7,fa0-7	函数参数

可选向量扩展：RVV

名称	类型	RV32V/R64V	
设置向量长度	R	SETVL	rd,rs1
高位乘	R	VMULH	rd,rs1,rs2
求余数	R	VREM	rd,rs1,rs2
逻辑左移	R	VSLL	rd,rs1,rs2
逻辑右移	R	VSRL	rd,rs1,rs2
算术右移	R	VSRA	rd,rs1,rs2
取数	I	VLD	rd,imm(rs1)
跨步取数	R	VLDS	rd,rs1,rs2
索引取数	R	VLDX	rd,rs1,rs2
存数	S	VST	rs2,imm(rs1)
跨步存数	R	VSTS	rd,rs1,rs2
索引存数	R	VSTX	rd,rs1,rs2
原子交换	R	AMOSWAP	rd,rs1,rs2
原子加	R	AMOADD	rd,rs1,rs2
原子异或	R	AMOXOR	rd,rs1,rs2
原子与	R	AMOAND	rd,rs1,rs2
原子或	R	AMOOR	rd,rs1,rs2
原子最小	R	AMOMIN	rd,rs1,rs2
原子最大	R	AMOMAX	rd,rs1,rs2
谓词相等	R	VPEQ	rd,rs1,rs2
谓词不等	R	VPNE	rd,rs1,rs2
谓词小于	R	VPLT	rd,rs1,rs2
谓词大于或等于	R	VPGE	rd,rs1,rs2
谓词与	R	VPAND	rd,rs1,rs2
谓词与非	R	VPANDN	rd,rs1,rs2
谓词或	R	VPOR	rd,rs1,rs2
谓词异或	R	VPXOR	rd,rs1,rs2
谓词非	R	VPNOT	rd,rs1
谓词交换	R	VPSWAP	rd,rs1
传送	R	VMOV	rd,rs1
转换	R	VCVT	rd,rs1
加	R	VADD	rd,rs1,rs2
减	R	VSUB	rd,rs1,rs2
乘	R	VMUL	rd,rs1,rs2
除	R	VDIV	rd,rs1,rs2
求平方根	R	VSQRT	rd,rs1
乘加	R4	VFMADD	rd,rs1,rs2,rs3
乘减	R4	VFMSUB	rd,rs1,rs2,rs3
乘减取负	R4	VFNMSUB	rd,rs1,rs2,rs3
乘加取负	R4	VFNMADD	rd,rs1,rs2,rs3
符号注入	R	VSGNJ	rd,rs1,rs2
符号取反注入	R	VSGNJN	rd,rs1,rs2
符号异或注入	R	VSGNJX	rd,rs1,rs2
最小	R	VMIN	rd,rs1,rs2
最大	R	VMAX	rd,rs1,rs2
异或	R	VXOR	rd,rs1,rs2
或	R	VOR	rd,rs1,rs2
与	R	VAND	rd,rs1,rs2
分类	R	VCLASS	rd,rs1
设置向量寄存器类型		VSETDCFG	rd,rs1
抽取	R	VEXTRACT	rd,rs1,rs2
合并	R	VMERGE	rd,rs1,rs2
选择	R	VSELECT	rd,rs1,rs2

RISC-V调用约定和以下五个可选扩展：8条RV32M指令；11条RV32A指令；26条操作32位或64位数据的浮点指令（RV32F、RV32D）；53条RV32V指令。根据正则记号，{}表示集合，故FADD.{F|D}表示FADD.F和FADD.D。RV32{F|D}添加了f0~f31寄存器，其位宽和最大精度匹配，还添加了一个浮点控制状态寄存器fcsr。RV32V添加了向量寄存器v0~v31、向量谓词寄存器vp0~vp7和向量长度寄存器vl。RV64添加了若干指令：RVM 5条，RVA 11条，RVF 4条，RVD 6条，RVV 0条。

目录

插图

第 1 章

为什么要有 RISC-V

大道至简。[1]

——列奥纳多·达·芬奇（da Vinci, Leonardo）

---

[1]译者注：原文为 Simplicity is the ultimate sophistication.

1.1 导言

列奥纳多·达·芬奇
(1452—1519) 是一位文
艺复兴时期的建筑师、工
程师、雕塑家,同时也是
一名画家,创作了著名
的《蒙娜丽莎的微笑》。

我们在页边加入花絮,希
望提供一些有趣评论。例
如,RISC-V 最初为是为加
州大学伯克利分校的内
部研究和课程而设计的。
随着外部人员的自发使
用,RISC-V 开始对外开
放。当 RISC-V 架构师在
网上收到关于 ISA 变化
的投诉时,才了解到课程
之外有人对 RISC-V 感
兴趣。架构师梳理需求
后,决定尝试把 RISC-V
设计成一个开放的 ISA
标准。

RISC-V(发音为"RISC five")的目标是成为一款通用的
指令集架构(Instruction Set Architecture,ISA):

- 它要适合设计各种规模的处理器,包括从最小的嵌入式
  控制器到最快的高性能计算机。
- 它要兼容各种流行的软件栈和编程语言。
- 它要适用于所有实现技术,包括 FPGA(Field-Program-
  mable Gate Array,现场可编程逻辑门阵列)、ASIC(App-
  lication-Specific Integrated Circuit,专用集成电路)、全
  定制芯片,甚至未来的制造元件技术。
- 它能用于高效实现所有微体系结构,包括微程序或硬连
  线控制,顺序、解耦或乱序流水线,单发射或超标量等。
- 它要支持高度定制化,成为定制加速器的基础,以应对摩
  尔定律的放缓。
- 它要稳定,基础 ISA 不会改变。更重要的是,它不能像以
  往的公司专有 ISA 那样消亡,包括 AMD 的 Am29000、
  Digital 的 Alpha 和 VAX、Hewlett Packard[1] 的 PA-
  RISC、Intel 的 i860 和 i960、Motorola 的 88000,以及
  Zilog 的 Z8000。

RISC-V 是一款与众不同的 ISA,不仅因为它年轻(它诞
生于 2010 年,而其他 ISA 大多诞生于 20 世纪 70 年代或 80
年代),而且因为它开放。与过去几乎所有的架构不同,其未
来不受任何一家公司的兴衰或心血来潮的决策所影响(过去许
多 ISA 因此消亡)。相反,RISC-V 属于一个开放的、非营利性
质的基金会。RISC-V 国际基金会[2] 的目标是维护 RISC-V 的
稳定性,仅出于技术原因而缓慢谨慎地改进 RISC-V,并推动
RISC-V 在硬件中流行起来,犹如 Linux 在操作系统中流行一
般。图 1.1 列出了 RISC-V 国际基金会最大的企业会员,展示
了 RISC-V 的繁荣。

---

[1]译者注:即惠普公司。

[2]译者注:RISC-V 国际基金会成立于 2015 年,起初其英文名称为"the
RISC-V Foundation"。2019 年 11 月,RISC-V 国际基金会宣布将迁往瑞
士,以规避美国的相关贸易法规。2020 年 3 月,英文名称变更为"RISC-V
International"。

>500 亿美元		>50 亿美元，<500 亿美元		>5 亿美元，<50 亿美元	
Alibaba	中国	BAE Systems	英国	AMD	美国
Google	美国	MediaTek	中国	Andes Technology	中国
Huawei	中国	Micron Tech.	美国	Cadence	美国
IBM	美国	Nvidia	美国	Integrated Device Tech.	美国
Samsung	韩国	NXP Semi.	荷兰	Mellanox Technology	以色列
Sony	日本	Qualcomm	美国	Seagate	美国
		Western Digital	美国	Xilinx	美国

图 1.1   2021 年 8 月 RISC-V 国际基金会企业会员的年销售额排名

左栏企业的年销售额均超过 500 亿美元，中栏企业的年销售额为 50~500 亿美元，右栏企业的年销售额为 5~50 亿美元。基金会中还有其他 300 个组织，其总部分布在 28 个国家。详情可访问"链接 1"。

1.2   模块化 ISA 和增量型 ISA

> Intel 曾将其未来押在高端微处理器上，但这还需要很多年时间。为与 Zilog 公司抗衡，Intel 开发了一款名为 8086 的过渡产品。它本该朝生暮死，无任何后续产品，但事实并非如此。高端处理器姗姗来迟，等它最终面世时，性能却不如人意。因此，8086 架构得以延续——它演化为 32 位处理器，最终又演化为 64 位。其名称不断更替（80186、80286、i386、i486、Pentium），但底层指令集丝毫未减。
>
> ——Stephen P. Morse，8086 架构师（Morse, 2017）

计算机体系结构的传统发展方式是增量型 ISA，这意味着新处理器不仅需要实现新的 ISA 扩展，还必须实现过去的所有扩展。其目的是保持向过去的二进制兼容性，使数十年前的二进制程序仍可在最新处理器上正确运行。出于市场营销的目的，新一代处理器的发布通常伴随着新指令的发布。这两点需求共同导致 ISA 的指令数量随时间流逝而大幅增长。图 1.2 展示了当今主流 ISA x86 的指令数量增长过程。x86 的历史可追溯到 1978 年，在漫长的生命周期中，它每个月大约增加 3 条指令。

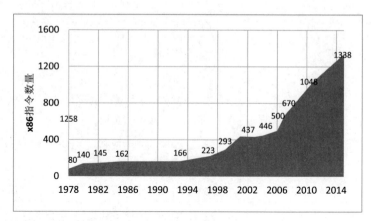

图 1.2 x86 指令集自诞生以来的增长情况

x86 在 1978 年诞生时有 80 条指令, 2015 年增长到 1 338 条, 翻了 16 倍, 并且仍在增长。但图中数据仍偏保守。一篇 2015 年的 Intel 博客指出, 统计结果为 3 600 条指令 (Rodgers et al. 2017)。按这个数据, 在 1978 年到 2015 年期间, x86 指令平均每 4 天增长 1 条。我们统计的是汇编语言指令, 他们统计的也许是机器语言指令。正如第 8 章所介绍的, 增长的主要原因是 x86 ISA 通过 SIMD 指令实现数据级并行。

这种约定意味着 x86-32 (我们用它表示 32 位地址版本的 x86) 的每款处理器都必须实现过去扩展的错误设计, 即便它们已无意义。例如, 图 1.3 列出了 x86 的 aaa (ASCII Adjust after Addition) 指令, 该指令早已失去用处。

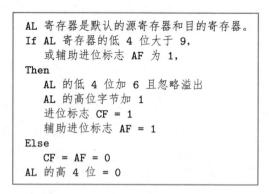

图 1.3 x86-32 aaa 指令的功能描述

它以二进制编码十进制数 (Binary Coded Decimal, BCD) 的形式进行算术运算, 但它已化为信息技术的历史尘埃。x86 还有 3 条类似的指令, 分别用于减法 (aas)、乘法 (aam) 和除法 (aad)。它们都是单字节指令, 因此一共占用宝贵操作码空间的 1.6% (4/256)。

打个比方，假设一家餐馆只提供价格固定的套餐，最开始只有汉堡加奶昔的小餐。随着时间的推移，套餐中加入了薯条，然后是冰淇淋圣代，还有沙拉、馅饼、葡萄酒、素食意大利面、牛排、啤酒，无穷无尽，最后变成饕餮盛宴。食客能在这家餐馆找到他们过去吃过的任何一种食物（尽管这样没什么意义）。然而，这对食客来说是一个坏消息，他们每次的餐费将随盛宴加量而不断上涨。

除年轻和开放之外，RISC-V 还是模块化的，这与过去几乎所有 ISA 都不同。其核心是一个名为 RV32I 的基础 ISA，可运行完整的软件栈。RV32I 已冻结，永不改变，这为编译器开发者、操作系统开发者和汇编语言程序员提供了稳定的指令目标。模块化特性源于可选的标准扩展，硬件可根据应用程序的需求决定是否包含它们。利用这种模块化特性能设计出面积小、能耗低的 RISC-V 处理器，这对于嵌入式应用至关重要。RISC-V 编译器得知当前硬件包含哪些扩展后，便可为该硬件生成最优代码。一般约定将扩展对应的字母加到指令集名称之后，以指示包含哪些扩展。例如，RV32IMFD 在必选基础指令集（RV32I）上添加了乘法（RV32M）、单精度浮点（RV32F）和双精度浮点（RV32D）扩展。

如果软件使用了一条未实现的可选 RISC-V 扩展指令，硬件将发生自陷，并在软件层执行该指令的功能。此特性属于标准库的一部分。

继续用我们刚才的比方，RISC-V 提供的是一份菜单，而不是一顿应有尽有的自助餐。主厨只需烹饪食客需要的食物，而不是每次都烹饪一顿大餐，食客也只需为他们点单的食物付费。RISC-V 无须仅为市场营销的热闹而添加新指令。RISC-V 国际基金会决定何时往菜单中添加新的选择，经过由软硬件专家组成的委员会公开讨论后，他们才会出于必要的技术原因添加指令。即使这些新的选择出现在菜单上，它们仍是可选的，不像增量型 ISA 那样成为未来所有实现的必要组成部分。

1.3 ISA 设计导论

在介绍 RISC-V ISA 前，了解计算机架构师在设计 ISA 时需要遵守的基本原则和做出的权衡，将有助于你理解 RISC-V 的设计。下面列出 7 个评价指标。后续章节介绍 RISC-V 如何决策时，我们将在页边放置相应的图标予以强调。

成本

简洁

性能

架构和实现分离

提升空间

代码大小

易于编程/编译/链接

成本

- 成本（美元硬币）
- 简洁（车轮）
- 性能（速度计）
- 架构和实现分离（分开的两个半圆）
- 提升空间（手风琴）
- 代码大小（挤压线条的两个相向箭头）
- 易于编程/编译/链接（儿童积木，"像 ABC 一样简单"）

为阐述我们的想法，我们将在本节中展示过去 ISA 做出的一些选择。今天看来这些选择并不明智，而 RISC-V 通常能做出更好的决策。

成本。处理器以集成电路的形式实现,通常称为芯片（chip）或晶粒（die）。称它们为晶粒的原因是，它们是由一个圆形晶片切割（dice）得到的许多单独的块。图 1.4 展示了 RISC-V 处理器的晶圆。成本对晶粒面积十分敏感:

$$成本 \approx f(晶粒面积^2)$$

显然，晶粒越小，每个晶圆能切割出的晶粒越多，而晶粒成本主要来自生产晶圆本身。不太直观的是，晶粒越小，良率（可用晶粒占晶粒总数的比例）越高。这是因为硅制造过程导致晶圆上分布着一些很小的制造缺陷，故晶粒越小，有缺陷的晶粒比例越低。

架构师希望保持 ISA 的简洁性，从而缩小相应处理器的尺寸。我们将在后续章节中看到,RISC-V ISA 比 ARM-32 ISA 简洁得多。为展示简洁的重要性，我们将大小缓存（16KiB）和制造工艺（TSMC40GPLUS）均相同的 RISC-V Rocket 处理器与 ARM-32 Cortex-A5 处理器进行对比。RISC-V 晶粒的大小是 $0.27\,\mathrm{mm}^2$，而 ARM-32 晶粒的大小是 $0.53\,\mathrm{mm}^2$。由于面积大将近 1 倍，ARM-32 Cortex-A5 的晶粒成本大约是 RISC-V Rocket 的 4（2^2）倍。即使晶粒大小只减小 10%，成本也会降低为 81%（0.9^2）。

高端处理器可通过组合简单指令来提升性能，而不会因更大、更复杂的 ISA 给所有低端处理器的实现带来负担。这种技术被称为宏融合（macrofusion），因为它将"宏"指令融合在一起。

图 1.4 由 SiFive 设计的直径为 8 英寸的 RISC-V 芯片晶圆

此晶圆包含两类 RISC-V 芯片，均使用较旧、较大的工艺制程。其中 FE310 芯片的尺寸为 2.65 mm×2.72 mm，SiFive 测试芯片的尺寸为 2.89 mm×2.72 mm。该晶圆包含总计 3 712 颗芯片，前者 1 846 颗，后者 1 866 颗。

简洁。鉴于成本对复杂性十分敏感，架构师需要一款简洁的 ISA 来减小晶粒面积。简洁的 ISA 也能节省芯片设计和验证的时间，而这可能占芯片开发成本的主要部分。这些都是芯片成本的一部分，最终根据芯片的发货量均摊到单颗芯片上。简洁性还能降低文档的开销，让客户更容易了解如何使用这款 ISA。

以下是 ARM-32 ISA 复杂性的一个鲜明例子：

```
ldmiaeq SP!, {R4-R7, PC}
```

该指令表示 LoaD Multiple, Increment-Address, on EQual。它会在 EQ 条件码置位时从内存读入 5 次数据，并写入 6 个寄存器。此外，它还将结果写入 PC，从而执行条件分支。做的事情真多！

讽刺的是，简单指令通常比复杂指令更常用。例如，x86-32 的 enter 本来作为进入过程后执行的第一条指令以创建栈帧（见第 3 章），但大多数编译器用两条简单的 x86-32 指令代替它：

```
push ebp     # 将帧指针压栈
mov  ebp, esp # 把栈指针复制到帧指针
```

简洁

简单处理器有助于嵌入式应用程序，因为其执行时间更容易预测。微控制器的汇编语言程序员通常希望维护精确时序，因此他们依赖可通过手动计算来预测所需时钟周期数的代码。

性能

最后一项因子是时钟频率的倒数，因此 1GHz 时钟频率意味着每个时钟周期的时间为 1ns（$1/10^9$）。

平均时钟周期数可小于 1，因为 A9 和 BOOM（Celio et al. 2015）是所谓的超标量处理器，每个时钟周期执行多条指令。

性能。除了那些用于嵌入式应用的微型芯片，架构师通常关注芯片的性能和成本。性能可分解为以下三个因子：

$$\frac{指令数}{程序} \times \frac{平均时钟周期数}{指令} \times \frac{时间}{时钟周期} = \frac{时间}{程序}$$

即使在每个程序中简洁 ISA 需要执行的指令比复杂 ISA 的多，但前者能通过更高的时钟频率或更小的每指令平均周期数（Cycles Per Instruction, CPI）来弥补。

例如，ARM-32 Cortex-A9 运行 CoreMark 基准测试（Gal-on et al. 2012）（100 000 次迭代）的性能为

$$\frac{32.27\,B\,指令数}{程序} \times \frac{0.79\,时钟周期数}{指令} \times \frac{0.71ns}{时钟周期} = \frac{18.15s}{程序}$$

对于 RISC-V 的 BOOM 实现，其性能为

$$\frac{29.51\,B\,指令数}{程序} \times \frac{0.72\,时钟周期数}{指令} \times \frac{0.67ns}{时钟周期} = \frac{14.26s}{程序}$$

本例中，ARM 处理器执行的指令并不比 RISC-V 处理器的少。我们将看到，简单的指令也是最常用的指令，因此 ISA 的简洁性在所有指标中尤为重要。对于上述程序，RISC-V 处理器的三个因子分别提升近 10%，总体性能提升近 30%。如果更简洁的 ISA 还能设计出更小的芯片，那么其性价比将非常出色。

架构和实现分离

今天的流水线处理器使用硬件预测器预测分支结果，准确度超过 90%，且适用于任意长度的流水线，只需一种机制在预测错误时刷新并重启流水线。

架构和实现分离。架构和实现之间的最初区别可追溯到 20 世纪 60 年代，即：架构是机器语言程序员为了编写正确的程序所需了解的知识，而不是为了提升程序性能。对于架构师，一项诱人的方案是在 ISA 中添加指令来优化特定时期某个实现的性能和成本，但这会给其他不同或将来的实现带来负担。

MIPS-32 ISA 的延迟分支是一个令人遗憾的例子。考虑流水线执行的场景，处理器希望下一条待执行指令已位于流水线中，但条件分支指令无法提前确定后续执行的是顺序的下一条指令（若分支不跳转），还是分支目标地址的指令（若分支跳转）。对于第一个 5 级流水线的微处理器，上述性质导致流水线阻塞一个时钟周期。为解决该问题，MIPS-32 将分支指令的跳转重新定义为在后续一条指令之后才发生，因此其后续一条指令总会被执行。程序员或编译器开发者需要将一些有用的指

令放入延迟槽。

遗憾的是，这种"解决方案"对后续有着更多流水级（在计算分支结果前取了更多指令）的 MIPS-32 处理器毫无帮助，且由于增量型 ISA 需要向过去兼容（见 1.2 节），这反而让MIPS-32 程序员、编译器开发者和处理器设计者的工作变得更加困难，也让 MIPS-32 的代码变得更难理解（见第 32 页图 2.9）。

除了不应加入那些仅有助于一个实现的功能，架构师也不应加入阻碍某些实现的功能。如前文所述，ARM-32 和其他一些 ISA 提供取多字（Load Multiple）指令。这些指令能提升单发射流水线设计的性能，但会给多发射流水线带来负面影响。原因在于简单实现无法将该指令的单个取数操作与其他指令并行调度，从而降低这些处理器的指令吞吐。

提升空间。随着摩尔定律（Moore's Law）终结，大幅提高性价比的唯一途径是为特定领域（如深度学习、增强现实、组合优化、图形等）添加自定义指令。这意味着如今的 ISA 必须为将来的扩展预留操作码空间。

提升空间

在摩尔定律如日中天的 20 世纪 70 年代和 80 年代，很少有人考虑为将来的加速器节省操作码空间。相反，架构师认为更长的地址和立即数字段更有价值，它们能减少每个程序执行的指令数，这也是前文性能等式的第一个因子。

操作码空间不足的一个反面例子是，ARM-32 架构师后来试图通过向以前统一的 32 位 ISA 中添加 16 位指令来缩减代码大小，但发现无可用空间。因此，唯一的解决方案是先设计一款 16 位指令的新 ISA（Thumb），后来又设计了一款同时支持 16 位和 32 位指令的新 ISA（Thumb-2），并通过一个模式位在它们和 ARM ISA 之间切换。为切换模式，程序员或编译器通过分支跳转到一个最低位为 1 的地址，这种切换方案可行是因为该位在 16 位和 32 位指令中均为 0。

前文提到的 ARM-32 指令 ldmiaeq 甚至更复杂， 因为当它跳转时，还能在 ARM-32 和 Thumb / Thumb-2 之间切换指令集模式。

代码大小。程序越小，程序存储器所需芯片面积越小，这对嵌入式设备是一项巨大的成本。实际上，这启发了 ARM 架构师在 Thumb ISA 和 Thumb-2 ISA 中追加一些更短的指令。更小的程序还能减少指令缓存的缺失次数，从而降低功耗（访问片外 DRAM 的能耗远高于访问片上 SRAM）并提升性能。让代码更短是 ISA 架构师的目标之一。

代码大小

15 字节 x86-32 指令的一个例子是 `lock add dword ptr ds:[esi+ecx*4 +0x12345678], 0xefcdab89`。它汇编成十六进制形式得到：67 66 f0 3e 81 84 8e 78 56 34 12 89 ab cd ef。后 8 字节是 2 个地址，前 7 字节分别表示原子内存操作、加操作、32 位数据、数据段寄存器、2 个地址寄存器和比例变址寻址模式。1 字节指令的一个例子是汇编成 40 的 `inc eax`。

x86-32 ISA 的指令可短至 1 字节，也可长达 15 字节。你可能认为，与 ARM-32 和 RISC-V 这些 32 位定长 ISA 相比，使用变长指令的 x86 必定能生成更小的程序。从逻辑上看，以 8 位为单元的变长指令也应该比那些仅提供 16 位和 32 位指令的 ISA（如 Thumb-2 和使用 RV32C 扩展的 RISC-V，见第 7 章）的指令更短。图 1.5 显示，对于 32 位指令，ARM-32 和 RISC-V 的代码比 x86-32 的长 6%~9%，而令人惊讶的是，x86-32 的代码比同时提供 16 位和 32 位指令的压缩版本（RV32C 和 Thumb-2）的长 26%。

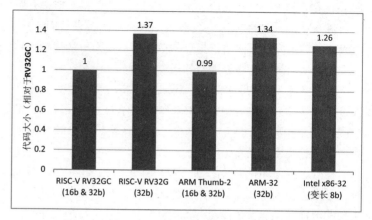

图 1.5　RV32G、ARM-32、x86-32、RV32C 和
Thumb-2 程序的相对大小

最后两个 ISA 正是以短代码为目标的。测试程序为采用 GCC 编译器的 SPEC CPU2006 基准测试。与 RV32C 相比，Thumb-2 代码更短的原因是它在过程入口处使用多字存取（Load and Store Multiple）指令来减小代码大小。RV32C 为维护与 RV32G 的一一映射而未加入此类指令，后者则为降低高端处理器的实现复杂性而未加入多字存取指令。第 7 章将介绍 RV32C。RV32G 表示常用的 RISC-V 扩展组合（RV32M、RV32F、RV32D 和 RV32A），全称为 RV32IMAFD（Waterman，2016）。

虽然与 RV32C 和 Thumb-2 相比，使用变长指令的新 ISA 能生成更短的代码，但 20 世纪 70 年代设计第一版 x86 的架构师并不关心此问题。此外，考虑到增量型 ISA（见 1.2 节）需要保持向过去的二进制兼容性，数百条新增的 x86-32 指令比预期的要长，因为将它们塞进原始 x86 有限的空闲操作码空间时，需要增加 1~2 字节的前缀。

易于编程/编译/链接。由于访问寄存器比访问内存快得多，因此编译器必须做好寄存器分配工作，这在寄存器数量较多的时候更简单。在这方面，ARM-32 有 16 个寄存器，而 x86-32

只有 8 个。大多数现代 ISA（包括 RISC-V）都有相对较多的 32 个整数寄存器。更多寄存器显然能让编译器和汇编语言程序员的工作更轻松。

编译器和汇编语言程序员面临的另一个问题是估计代码序列的执行速度。我们将看到，每条 RISC-V 指令通常最多只需要一个时钟周期（忽略缓存缺失）。但正如前文所述，即使所需内容已在缓存中，ARM-32 和 x86-32 有些指令的执行仍需多个时钟周期。此外，与 ARM-32 和 RISC-V 不同，x86-32 算术指令的操作数可位于内存中，而不要求都在寄存器中。复杂指令和内存操作数使处理器设计者难以实现性能的可预测性。

ISA 支持位置无关代码（Position Independent Code, PIC），有助于支持动态链接（见 3.5 节），因为共享库代码在不同的程序中可位于不同的地址。PC 相对分支和数据寻址是 PIC 的福音。虽然几乎所有的 ISA 都提供 PC 相对寻址的分支指令，但 x86-32 和 MIPS-32 缺少 PC 相对数据寻址。

补充说明：ARM-32、MIPS-32 和 x86-32

补充说明是一些选读内容，如果读者对某个主题感兴趣，则可深入阅读，但它们对理解本书其余部分并非必要。例如，我们未采用官方的 ISA 名称。32 位地址的 ARM ISA 有许多版本，第一版诞生于 1986 年，最新版本是 2005 年的 ARMv7。ARM-32 一般指 ARMv7 ISA。MIPS 也有许多 32 位版本，但我们指的是初版 MIPS I（"MIPS32" 是一款后续的 ISA，和我们所称的 MIPS-32 不同）。Intel 的首个 16 位地址架构是 1978 年的 8086，1985 年的 80386 ISA 扩展到 32 位地址。我们采用的 x86-32 记号一般指 IA-32，它是 x86 ISA 的 32 位地址版本。和这些 ISA 的众多变体相比，我们采用的非标准术语反而最容易区分。

1.4 全书总览

本书假设你在 RISC-V 之前已了解过其他指令集；否则，请阅读我们编写的基于 RISC-V 的体系结构入门书籍（Patterson et al. 2021）。

第 2 章介绍 RV32I，已冻结的基础整数指令集，它是 RISC-V 的核心。第 3 章阐述第 2 章尚未介绍的其余 RISC-V 汇编语言，包括调用约定和一些用于链接的精妙技巧。汇编语言包括所有真正的 RISC-V 指令和一些 RISC-V 之外的有用指令。这些伪指令是真实指令的巧妙变体，可在避免 ISA 复杂化的同时简化汇编语言程序的开发。

其后三章阐述 RISC-V 的标准扩展，它们与 RV32I 统称为 RV32G（G 代表 general）。

- 第 4 章：乘法和除法指令（RV32M）
- 第 5 章：浮点指令（RV32F 和 RV32D）
- 第 6 章：原子指令（RV32A）

本书扉页前面的 RISC-V "参考卡"是书中所有 RISC-V 指令（RV32G、RV64G 和 RV32/64V）的精简总览。

第 7 章介绍可选的压缩扩展 RV32C，它是 RISC-V 优雅性的一个绝佳示例。通过把 16 位指令限制为现有 32 位 RV32G 指令的短版本，其实现开销几乎为零。汇编器可选择指令长度，使 RV32C 对汇编语言程序员和编译器透明。将 16 位 RV32C 指令转换成 32 位 RV32G 指令的硬件译码器只需 400 个门，即使在最简单的 RISC-V 处理器中也只占很小的比例。

第 8 章介绍向量扩展 RV32V。与 ARM-32、MIPS-32 和 x86-32 中众多枚举式的单指令多数据（Single Instruction Multiple Data，SIMD）指令相比，向量指令是 ISA 优雅性的另一个示例。实际上，图 1.2 中所示的数百条添加到 x86-32 的指令都是 SIMD 指令。此外，还有数以百计的 SIMD 指令即将问世。RV32V 甚至比大多数向量 ISA 更简单，因为它通过向量寄存器指定数据类型和长度，而不是将二者嵌入操作码。RV32V 也许是从基于 SIMD 的传统 ISA 转到 RISC-V 最令人信服的原因。

第 9 章介绍 RV64G，RISC-V 的 64 位地址版本。正如该章节所述，RISC-V 架构师只需拓宽寄存器，并加入若干字（word）、双字（doubleword）或长字（long）版本的 RV32G 指令，即可将地址从 32 位扩展为 64 位。

第 10 章介绍系统指令，说明 RISC-V 如何处理分页以及机器、用户和监管特权模式。

参考卡也被称为绿卡，这源于 20 世纪 60 年代单页 ISA 总览纸板的背景颜色阴影。考虑到辨认度，我们采用白色背景，而非延续历史的绿色。

第 11 章简要介绍 RISC-V 国际基金会目前正在考虑添加的其他扩展。

然后是本书最长的部分，附录 A，按字母表顺序排列的指令集汇编。它用不到 50 页的篇幅涵盖了完整的 RISC-V ISA，包括上文提到的所有扩展和所有伪指令，这是 RISC-V 简洁性的证明。

简洁

附录 B 展示了一些常见的汇编语言操作，以及这些操作在 RV32I、ARM-32、x86-32 中对应的指令。此附录包含三张图，随后是一个简单的 C 程序及其在三种 ISA 下的编译结果。编写此附录主要有两个目的：首先，对于已熟悉 ARM-32 或 x86-32 的读者，将 RISC-V 指令对应到他们熟悉的 ISA 中，是另一种有效的学习方法；其次，帮助程序员把已有旧的 ISA 汇编语言程序翻译到 RISC-V。

本书最后部分是索引。

1.5　结语

> 用形式逻辑方法容易看出，存在某种抽象的（指令集），足以控制和执行任意操作序列……现在看来，选择一款（指令集）的真正决定性因素更多是实用性：（指令集）所需装置的简洁性、应用于实际重要问题的清晰度，以及处理这些问题的速度。
>
> —— （Burks et al. 1946）

冯·诺依曼精心编写的报告的先前版本影响力巨大，尽管该报告基于他人的工作，这种计算机结构仍通称为冯·诺依曼架构。该报告撰写于第一台存储程序计算机开始运行的三年前！

RISC-V 是一款最新的、清晰的、简约的、开放的 ISA，它以过去 ISA 所犯错误为鉴。RISC-V 架构师的目标是让它能用于从最小到最快的所有计算设备。遵循冯·诺依曼在 20 世纪 40 年代的建议，RISC-V 强调简洁性以保持低成本，同时拥有大量寄存器和直观的指令执行速度，从而帮助编译器和汇编语言程序员将实际的重要问题转换为适当的高效代码。

复杂度的一个指标是文档大小。图 1.6 给出了以页数和单词数衡量的 RISC-V、ARM-32 和 x86-32 指令集手册的大小。如果你全职阅读手册，每天 8 小时，每周 5 天，那么读完 ARM-32 手册需要半个月，读完 x86-32 手册需要整整一个月。在此复杂度下，大概没有一个人能完全理解 ARM-32 或 x86-32。按此标

简洁

准，RISC-V 的复杂度只有 ARM-32 的 1/12，x86-32 的 1/10
到 1/30。实际上，包含所有扩展的 RISC-V ISA 总览只有一页
（两面）（见"参考卡"）。

ISA	页数	单词数	阅读时间（小时）	阅读时间（周）
RISC-V	236	76 702	6	0.2
ARM-32	2 736	895 032	79	1.9
x86-32	2 198	2 186 259	182	4.5

图 1.6　ISA 手册的页数和单词数
（Waterman et al. 2017a）、（Waterman et al. 2017b）、
（Intel Corporation, 2016）、（ARM Ltd., 2014）

读完 ISA 手册所需时间按每分钟 200 个单词，每周 40 小时计算。〔此图源于
（Baumann, 2017）中图 1 的一部分〕

**为 庆 祝 RISC-V 十
周年，**我们从 RISC-V
第一个十年的角度对 23
人进行视频采访，请他
们分享自己的经历，描
述 RISC-V 是如何影响
他们的生活和工作的，并
预测 RISC-V 的前景。见
"链接 2"。

这款袖珍的开放 ISA 诞生于 2010 年 5 月 18 日，现由一
个基金会提供支持，并通过添加可选扩展的方式来发展，但这
将严格基于技术理由并经过长期的讨论。开放性带来免费和共
享的 RISC-V 实现，这不仅能降低成本，还能降低处理器中隐
藏非预期恶意秘密的可能性。

然而，仅靠硬件并不能组成一个系统。软件开发成本可能
远高于硬件开发成本，因此稳定的硬件固然重要，但稳定的软
件更甚于此。这些软件包括操作系统、引导程序、参考软件和
主流软件工具。基金会保证整个 ISA 的稳定性，而冻结的基础
指令集意味着作为软件栈构建目标的 RV32I 核心永不改变。通
过其普适性和开放性，RISC-V 有望冲击主流专有 ISA 的主导
地位。

优雅是一个很少用于形容 ISA 的词，但在阅读本书后，你
可能会认同我们用它形容 RISC-V。我们将用页边的蒙娜丽莎
图标来强调我们认为体现优雅性的功能特性。

优雅

1.6　扩展阅读

ARM Ltd. ARM Architecture Reference Manual: ARMv7-A and
　　ARMv7-R Edition[EB/OL]. 2014. http://infocenter.arm.com/
　　help/topic/com.arm.doc.ddi0406c/.

BAUMANN A. Hardware is the new software[C]//Proceedings of the 16th Workshop on Hot Topics in Operating Systems. [S.l.]: ACM, 2017: 132-137.

BURKS A W, GOLDSTINE H H, VON NEUMANN J L. Preliminary discussion of the logical design of an electronic computing instrument[J]. 1946.

CELIO C, PATTERSON D, ASANOVIC K. The Berkeley Out-of-Order Machine (BOOM): an industry-competitive, synthesizable, parameterized RISC-V processor[J]. Tech. Rep. UCB/EECS-2015–167, EECS Department, University of California, Berkeley, 2015.

GAL-ON S, LEVY M. Exploring CoreMark - a benchmark maximizing simplicity and efficacy[J]. The Embedded Microprocessor Benchmark Consortium, 2012.

Intel Corporation. Intel 64 and ia-32 architectures software developer's manual, volume 2: Instruction set reference[M]. [S.l.: s.n.], 2016.

MORSE S P. The Intel 8086 chip and the future of microprocessor design[J]. Computer, 2017, 50(4): 8-9.

PATTERSON D A, HENNESSY J L. Computer organization and design risc-v edition second edition: The hardware software interface[M]. [S.l.]: Morgan Kaufmann, 2021.

RODGERS S, UHLIG R. X86: Approaching 40 and still going strong[J]. Intel Newsroom, 2017(June 8).

WATERMAN A. Design of the RISC-V instruction set architecture: UCB/EECS-2016-1[D/OL]. EECS Department, University of California, Berkeley, 2016. http://www2.eecs.berkeley.edu/Pubs/TechRpts/2016/EECS-2016-1.html.

WATERMAN A, ASANOVIĆ K. The RISC-V instruction set manual volume II: Privileged architecture version 1.10[M/OL]. RISC-V Foundation, 2017a. https:// riscv.org/ specifications/ privileged-isa/.

WATERMAN A, ASANOVIĆ K. The RISC-V instruction set manual, volume I: User-level ISA, version 2.2[M/OL]. RISC-V Foundation, 2017b. https://riscv.org/specifications/.

第 2 章

RV32I: RISC-V 基础整数指令集

……提升计算性能并让用户切实享受到性能提升的唯一方法是同时设计编译器和计算机。这样软件用不到的特性将不会在硬件上实现……

——法兰·艾伦（Frances Elizabeth "Fran" Allen），1981 年

2.1 导言

图 2.1 展示了 RV32I 基础指令集，对于图中每组指令，从左到右连接带下画线的字母，即可组成完整的 RV32I 指令集。花括号 "{ }" 内列举了每组指令的所有变体，这些变体通过带下画线的字母和不表示任何字母的下画线 "_" 区分。例如：

法兰·艾伦（1932— ）因编译器优化的贡献获图灵奖。图灵奖是计算机科学领域的最高奖项，有时称为 "计算机领域的诺贝尔奖"。

$$\underline{\text{s}}\text{et }\underline{\text{l}}\text{ess }\underline{\text{t}}\text{han} \left\{ \begin{matrix} \text{\_} \\ \underline{\text{i}}\text{mmediate} \end{matrix} \right\} \left\{ \begin{matrix} \text{\_} \\ \underline{\text{u}}\text{nsigned} \end{matrix} \right\}$$

表示 slt、slti、sltu、sltiu 这 4 条 RV32I 指令。

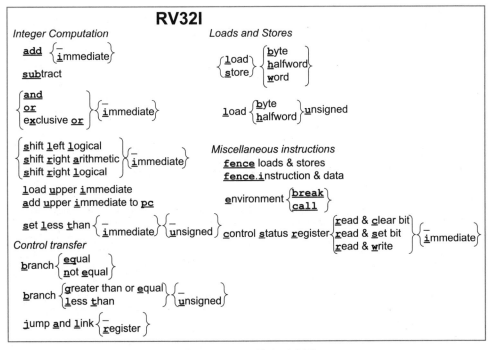

图 2.1　RV32I 指令示意图

从左到右连接带下画线的字母即可组成 RV32I 指令。花括号 "{ }" 中每一项都是该指令的不同变体，其中下画线 "_" 意味着不含花括号中任意一项亦可组成一条指令。例如，靠近左上角的记号表示以下 6 条指令：and、or、xor、andi、ori、xori。

这种示意图能快速且清晰地概括每章介绍的指令，后续章节中也会采用。

简洁

成本

性能

2.2 RV32I 指令格式

图 2.2 展示了 6 种基本指令格式，分别是：用于寄存器间操作的 R 型、用于短立即数和取数（load）操作的 I 型、用于存数（store）操作的 S 型、用于条件分支的 B 型、用于长立即数的 U 型和用于无条件跳转的 J 型。图 2.3 按照图 2.2 中的指令格式列出了图 2.1 中的所有 RV32I 指令。

31	30	25 24	21	20	19	15 14	12 11	8	7	6	0	
funct7		rs2			rs1	funct3	rd			opcode		R-type
imm[11:0]					rs1	funct3	rd			opcode		I-type
imm[11:5]		rs2			rs1	funct3	imm[4:0]			opcode		S-type
imm[12]	imm[10:5]	rs2			rs1	funct3	imm[4:1]	imm[11]		opcode		B-type
imm[31:12]							rd			opcode		U-type
imm[20]	imm[10:1]		imm[11]		imm[19:12]		rd			opcode		J-type

图 2.2 RISC-V 指令格式

我们在立即数子段中标识该位在立即数值中的位置 (imm[x])，而不像通常那样标识该位在指令立即数字段中的位置。第 10 章介绍 I 型格式的控制状态寄存器指令，它与此图稍有不同。〔此图源于（Waterman et al. 2017）的图 2.2〕

31	25	24	20	19	15	14	12	11	7	6	0		
imm[31:12]								rd		0110111		U	lui
imm[31:12]								rd		0010111		U	auipc
imm[20|10:1|11|19:12]								rd		1101111		J	jal
imm[11:0]				rs1		000		rd		1100111		I	jalr
imm[12|10:5]		rs2		rs1		000		imm[4:1|11]		1100011		B	beq
imm[12|10:5]		rs2		rs1		001		imm[4:1|11]		1100011		B	bne
imm[12|10:5]		rs2		rs1		100		imm[4:1|11]		1100011		B	blt
imm[12|10:5]		rs2		rs1		101		imm[4:1|11]		1100011		B	bge
imm[12|10:5]		rs2		rs1		110		imm[4:1|11]		1100011		B	bltu
imm[12|10:5]		rs2		rs1		111		imm[4:1|11]		1100011		B	bgeu
imm[11:0]				rs1		000		rd		0000011		I	lb
imm[11:0]				rs1		001		rd		0000011		I	lh
imm[11:0]				rs1		010		rd		0000011		I	lw
imm[11:0]				rs1		100		rd		0000011		I	lbu
imm[11:0]				rs1		101		rd		0000011		I	lhu
imm[11:5]		rs2		rs1		000		imm[4:0]		0100011		S	sb
imm[11:5]		rs2		rs1		001		imm[4:0]		0100011		S	sh
imm[11:5]		rs2		rs1		010		imm[4:0]		0100011		S	sw
imm[11:0]				rs1		000		rd		0010011		I	addi
imm[11:0]				rs1		010		rd		0010011		I	slti
imm[11:0]				rs1		011		rd		0010011		I	sltiu
imm[11:0]				rs1		100		rd		0010011		I	xori
imm[11:0]				rs1		110		rd		0010011		I	ori
imm[11:0]				rs1		111		rd		0010011		I	andi
0000000		shamt		rs1		001		rd		0010011		I	slli
0000000		shamt		rs1		101		rd		0010011		I	srli
0100000		shamt		rs1		101		rd		0010011		I	srai
0000000		rs2		rs1		000		rd		0110011		R	add
0100000		rs2		rs1		000		rd		0110011		R	sub
0000000		rs2		rs1		001		rd		0110011		R	sll
0000000		rs2		rs1		010		rd		0110011		R	slt
0000000		rs2		rs1		011		rd		0110011		R	sltu
0000000		rs2		rs1		100		rd		0110011		R	xor
0000000		rs2		rs1		101		rd		0110011		R	srl
0100000		rs2		rs1		101		rd		0110011		R	sra
0000000		rs2		rs1		110		rd		0110011		R	or
0000000		rs2		rs1		111		rd		0110011		R	and
0000	pred	succ		00000		000		00000		0001111		I	fence
0000	0000	0000		00000		001		00000		0001111		I	fence.i
000000000000				00000		000		00000		1110011		I	ecall
000000000001				00000		000		00000		1110011		I	ebreak
csr				rs1		001		rd		1110011		I	csrrw
csr				rs1		010		rd		1110011		I	csrrs
csr				rs1		011		rd		1110011		I	csrrc
csr				zimm		101		rd		1110011		I	csrrwi
csr				zimm		110		rd		1110011		I	csrrsi
csr				zimm		111		rd		1110011		I	csrrci

图 2.3　RV32I 操作码表包含指令的布局、操作码、格式类型和名称

〔此图源于（Waterman et al. 2017）的表 19.2〕

作为一款简洁的 ISA，即使从指令格式也能展示使用 RISC-V 提升性价比的若干例子。首先，RISC-V 只有 6 种指令格式，每条指令都是 32 位的，这简化了指令译码过程。而 ARM-32，尤其是 x86-32，都有大量不同的指令格式，这不仅使低端处理器的译码开销过大，也给中高端处理器的性能带来挑战。其次，RISC-V 指令支持 3 个寄存器操作数，而不像 x86-32 那样，让源操作数和目的操作数共享一个字段。当一个操作本身具有 3 个不同的操作数，而 ISA 的指令只支持 2 个操作数时，编译器或汇编语言程序员需要额外使用一条传送（move）指令，避免其中一个源操作数被破坏。再者，在所有 RISC-V 指令中，源寄存器和目的寄存器始终位于同一字段，这意味着可在指令译码前开始访问寄存器。在许多其他 ISA 中，如 ARM-32 和 MIPS-32，某些字段在一部分指令中作为源操作数，在另一部分指令中又作为目的操作数。为选出正确的字段，不得不在时序本就紧张的译码路径上额外添加逻辑。最后，这些指令格式的立即数字段总是进行符号扩展，其符号位总是位于指令的最高位。此设计方案可将立即数符号扩展提前到指令译码前进行，从而缓解紧张的时序。

立即数的符号扩展甚至有助于逻辑运算指令。 例如，x & 0xfffffff0 在 RISC-V 中只需一条 andi 指令，但在 MIPS 中却要两条指令：先通过 addiu 装入常数，再执行 and。这是因为 MIPS 对逻辑运算的立即数进行了零扩展。为弥补零扩展的影响，ARM-32 额外添加了一条 bic 指令来计算 rx & ∼ 立即数[1]。

易于编程/编译/链接

补充说明：B 型和 J 型格式

如下文所述，分支指令的立即数字段在 S 型格式的基础上旋转 1 位，得到 B 型格式[2]。同样地，跳转指令的立即数字段在 U 型格式的基础上进行旋转，得到 J 型格式[3]。因此，RISC-V 实际上只有 4 种基本指令格式，但我们可保守地认为有 6 种。

为帮助程序员，所有位全为 0 的指令是一条非法的 RV32I 指令。因此，错误地跳转到被清零的内存区域将立即触发自陷，从而帮助调试。类似地，所有位全为 1 的指令也是非法指令，这能在发生其他常见错误时触发自陷，如访问未编程的非易失性内存设备、断开连接的内存总线或损坏的内存芯片。

---

[1]译者注：可通过 bic r,r,#0xf 来计算 x & 0xfffffff0。

[2]译者注：如图 2.2 所示，将 S 型立即数的 imm[11] 移动到 imm[0] 的位置，即得到 B 型立即数。

[3]译者注：立即数格式的设计目标是尽可能使其重叠，从而尽可能减少立即数中每一位的来源，以降低选择器的成本。例如，imm[5] 可能来源于指令的第 25 位（I 型、S 型、B 型和 J 型）和 0（U 型补零），因此只需要一个二选一选择器即可选出 imm[5]。但若 J 型立即数采用 imm[20:1] 的立即数格式，imm[5] 将会位于指令的第 16 位，此时需要一个三选一选择器才能选出 imm[5]，故增加了选择器成本。

为给 ISA 扩展预留充足的空间，RV32I 基础指令集只使用 32 位指令编码空间的不到 1/8。同时架构师还精心挑选 RV32I 的操作码，使数据通路相同的指令尽可能共享操作码的位域，从而简化控制逻辑。我们将看到，B 型分支指令和 J 型跳转指令的地址需要左移 1 位来乘以 2，增大了二者的跳转范围。RISC-V 调整了指令的立即数排布，使指令信号扇出和立即数选择成本降低近一半，再次简化低端处理器的数据通路逻辑。

有何不同？ 在本章及后续章节中每一小节的末尾，我们将阐述 RISC-V 与其他 ISA 的不同之处。这些不同之处通常反映了 RISC-V 不支持的特性，但和支持的特性一样，它们都体现了架构师的精心设计。

ARM-32 的 12 位立即数字段并非简单地表示一个常数，所表示常数通过以下方式计算：先将 imm[7:0] 零扩展为 32 位，再将其循环右移 imm[11:8] * 2 的位数。此设计方案希望用 12 位编码更多常用的常数，从而减少执行的指令数量。ARM-32 还将大多数指令类型中宝贵的 4 位专门用于条件执行，它们不仅使用频率低，还增加了乱序处理器的复杂度。

提升空间

成本

RV32M、RV32F 等可选扩展的操作码在所有 RISC-V 处理器中均相同，而针对特定处理器的非标准扩展只能使用 RISC-V 的保留操作码空间。

性能

补充说明：乱序处理器

这是一类高速的流水线处理器，它能投机执行指令，而不是严格依据程序的指令顺序执行。这类处理器的一项关键技术是寄存器重命名，可将程序中的寄存器名称映射到大量的内部物理寄存器。条件执行带来的问题是，无论条件是否成立，都要写入新分配的物理寄存器。因此条件不成立时，也必须将目的寄存器的旧值作为该指令的第三个操作数读出，以写入新的目的寄存器。此额外操作数提高了寄存器堆、寄存器重命名单元和乱序执行硬件的成本。

2.3 RV32I 寄存器

图 2.4 列出了 RV32I 寄存器和由 RISC-V 应用程序二进制接口（Application Binary Interface，ABI）定义的寄存器名称。我们将在示例代码中使用 ABI 名称来提升可读性。为方便汇编语言程序员和编译器开发者，RV32I 有 31 个寄存器和恒为 0 的 x0 寄存器。相比之下，ARM-32 只有 16 个寄存器，x86-32 甚至只有 8 个。

易于编程/编译/链接

流水线是目前除低端外的所有处理器都采用的用于提升性能的技术。和工业生产线一样，它们通过重叠多条指令的执行过程来提高吞吐。为实现此目标，处理器会预测分支结果，其预测准确率超过 90%。若预测错误，处理器将重新执行指令。早期微处理器的流水线有 5 级，可重叠执行 5 条指令，而最新微处理器的流水线超过 10 级。ARM-32 的后续版本 ARMv8 将 PC 从通用寄存器中移除，实际上承认这是一个错误设计。

31 0	
x0 / zero	硬连线为 0
x1 / ra	返回地址
x2 / sp	栈指针（Stack pointer）
x3 / gp	全局指针（Global pointer）
x4 / tp	线程指针（Thread pointer）
x5 / t0	临时寄存器
x6 / t1	临时寄存器
x7 / t2	临时寄存器
x8 / s0 / fp	保存寄存器，帧指针（Frame pointer）
x9 / s1	保存寄存器
x10 / a0	函数参数，返回值
x11 / a1	函数参数，返回值
x12 / a2	函数参数
x13 / a3	函数参数
x14 / a4	函数参数
x15 / a5	函数参数
x16 / a6	函数参数
x17 / a7	函数参数
x18 / s2	保存寄存器
x19 / s3	保存寄存器
x20 / s4	保存寄存器
x21 / s5	保存寄存器
x22 / s6	保存寄存器
x23 / s7	保存寄存器
x24 / s8	保存寄存器
x25 / s9	保存寄存器
x26 / s10	保存寄存器
x27 / s11	保存寄存器
x28 / t3	临时寄存器
x29 / t4	临时寄存器
x30 / t5	临时寄存器
x31 / t6	临时寄存器

32

31 0
pc

32

图 2.4 RV32I 的寄存器

第 3 章介绍 RISC-V 调用约定，即各种指针寄存器（sp、gp、tp、fp）、保存寄存器（s0~s11）和临时寄存器（t0~t6）的使用规范。〔此图源于（Waterman et al. 2017）的图 2.1 和表 20.1〕

　　有何不同? RISC-V ISA 能如此简洁的一个重要原因,是它为常量 0 专门分配一个寄存器。第 3 章第 42 页图 3.3 列出了许多操作示例,由于 ARM-32 和 x86-32 没有零寄存器,它们需要通过原生指令实现这些操作。但对于 RISC-V,只需简单地将零寄存器作为其中一个操作数,即可通过 RV32I 指令实现相同的操作。

简洁

　　PC(Program Counter,程序计数器)是 ARM-32 的 16 个寄存器之一,这意味着任何修改寄存器的指令都可能导致分支跳转。其他 ISA 的程序执行时,分支指令通常仅占 10%~20%;但在 ARM-32 中,每条指令都可能是分支指令。这使硬件分支预测变得更复杂,而分支预测的准确率对流水线的性能至关重要。此外,采用此方案也意味着少了一个可用的通用寄存器。

2.4　RV32I 整数计算

　　附录 A 列出了所有 RISC-V 指令的详细信息,包括格式和操作码。在本节及后续章节中,我们将给出汇编语言程序员所需了解的 ISA 信息,并着重介绍那些体现第 1 章所述 7 个 ISA 评价指标的特性。

　　对于图 2.1 中的简单算术指令(add、sub)、逻辑运算指令(and、or、xor)和移位指令(sll、srl、sra),其功能与其他 ISA 的类似。它们从源寄存器中读取两个 32 位值,并将 32 位结果写入目的寄存器。RV32I 还提供这些指令的立即数版本。与 ARM-32 不同,RV32I 的立即数总是进行符号扩展,因此,它们也能表示负数,故 RV32I 中无须包含立即数版本的 sub 指令。

简洁

　　程序中比较操作的结果是一个布尔值。为支持这种场景,RV32I 提供一条小于则置位(set less than)的指令。若第一个操作数小于第二个操作数,则将目的寄存器设为 1,否则设为 0。该指令包括有符号版本(slt)和无符号版本(sltu),分别用于有符号和无符号整数的比较,同时也有相应的立即数版本(slti、sltiu)。虽然 RV32I 分支指令支持两个寄存器间的所有关系运算,但条件表达式可能涉及多对寄存器间的关系,此时编译器或汇编语言程序员可将 slt 和 and、or、xor 等逻辑运算指令组合,以处理更复杂的条件表达式。

　　图 2.1 中剩下的两条整数计算指令有助于汇编和链接。装入高位立即数(lui)将 20 位立即数装入寄存器的高 20 位,

易于编程/编译/链接

可与后续一条 RV32I 立即数指令共同构造出 32 位常数。PC 加高位立即数（auipc）使得仅需 2 条指令，即可实现任意偏移的 PC 相对控制流转移和数据访问。具体地，将 auipc 与 jalr（见下文）的 12 位立即数组合，可将控制流转移到任意 32 位 PC 相对地址；而 auipc 加上访问指令的 12 位立即数偏移量，可访问任意 32 位 PC 相对地址的数据。

有何不同？首先，RV32I 中没有字节或半字的整数计算操作，所有操作的位宽均与寄存器位宽相同。内存访问的能耗比算术运算高几个数量级，因此短数据访存可大幅降低能耗，但短数据运算不会。此外，ARM-32 可在大多数算术和逻辑操作中对其中一个操作数进行移位，此特殊功能使数据通路更复杂，但很少使用。与之相对，RV32I 提供独立的移位指令。

其次，乘法和除法不在 RV32I 中，相反，它们组成可选的 RV32M 扩展（见第 4 章）。与 ARM-32 和 x86-32 不同，即使处理器未实现乘除法，也能运行完整的 RISC-V 软件栈，这能减小嵌入式芯片的面积。MIPS-32 汇编器可能用一系列移位和加法指令代替乘法来提高性能，但这会让处理器执行一些汇编语言程序中不存在的指令，令程序员感到困惑。RV32I 不支持循环移位指令和整数算术溢出检测，但它们均可通过少数几条 RV32I 指令实现（见 2.6 节）。

简洁

ARM-32 指令集的后续版本 ARMv8 移除了 ALU 指令中可选的移位操作，再次表明这是一个错误设计。

成本

补充说明："位操作"指令

RISC-V 国际基金会正在考虑将循环移位等位操作指令作为可选指令扩展 RV32B 的一部分（见第 11 章）[1]。

补充说明：利用 xor 进行花式操作

不借助中间寄存器也能交换两个数！以下代码用于交换 x1 和 x2 的值，我们将证明留给读者。提示：异或操作具有交换性（$a \oplus b = b \oplus a$）和结合性（$(a \oplus b) \oplus c = a \oplus (b \oplus c)$），每个元素同时也是自身的逆元（$a \oplus a = 0$），且存在一个单位元（$a \oplus 0 = a$）。

```
xor x1,x1,x2 # x1'==x1^x2,x2'==x2
xor x2,x1,x2 # x1'==x1^x2,x2'==x1'^x2==x1^x2^x2==x1
xor x1,x1,x2 # x1"==x1'^x2'==x1^x2^x1==x1^x1^x2==x2,
  x2'==x1
```

无论上述操作多奇妙，编译器通常都能在充足的 RISC-V 寄存器中找到一个临时寄存器，故此操作很少使用。

---

[1] 译者注：B 扩展已于 2021 年 11 月通过审核，具体见"链接 1"。

2.5 RV32I 取数和存数

如图 2.1 所示，除了 32 位字的取数和存数指令（lw、sw），RV32I 还支持有符号和无符号的字节和半字取数指令（lb、lbu、lh、lhu），以及字节和半字的存数指令（sb、sh）。对于有符号的字节和半字数据，指令先将其符号扩展为 32 位，再写入目的寄存器，使后续整数计算指令可正确处理 32 位数据。而对于常用于文本和无符号整数的无符号字节和半字数据，指令先将其零扩展为 32 位，再写入目的寄存器。

访存指令唯一支持的寻址模式是将 12 位立即数符号扩展后与寄存器相加，这在 x86-32 中称为偏移寻址（Irvine, 2014）。

简洁

有何不同?RV32I 未采用 ARM-32 和 x86-32 的复杂寻址模式。RV32I 的所有寻址模式均适用于所有数据类型，但 ARM-32 并非如此。RISC-V 能模拟 x86 的部分寻址模式，例如，将立即数字段设为 0 即可实现寄存器间接寻址的效果。与 x86-32 不同，RISC-V 没有专用的栈指令，通过将一个通用寄存器作为栈指针（见图 2.4），即可使标准寻址模式具备压栈（push）和弹栈（pop）指令的大部分优点，而无须增加 ISA 复杂性。与 MIPS-32 不同，RISC-V 不支持延迟取数（delayed load）。与延迟分支的思想类似，为配合 5 级流水线，MIPS-32 重新定义取数指令的行为，读取的数据在两条指令后才能使用。但对于后来出现的长流水线，此设计并无好处。

ARM-32 和 MIPS-32 要求内存中的数据按其长度对齐，而 RISC-V 无此要求。移植旧代码有时需要不对齐访存的支持。一种方案是在基础 ISA 中禁止不对齐访存，同时提供专用指令来支持，如 MIPS-32 的读左侧字（load word left，lwl）和读右侧字（load word right，lwr）。但这两条指令只写入寄存器的一部分，使寄存器访问复杂化。另一种方案是让普通访存指令支持不对齐访存，从而简化整体设计。

易于编程/编译/链接

成本

补充说明：字节序

RISC-V 采用小端字节序，因为它在商业上占主导地位：所有的 x86-32 系统、苹果的 iOS、谷歌的 Android 和微软的 ARM 版本 Windows 都采用小端方式。由于字节序仅在以不同位宽访问相同数据时才影响访问结果，因此只有极少数程序员关心它。

2.6   RV32I 条件分支

RV32I 可比较两个寄存器，并根据比较结果是否相等
（beq）、不相等（bne）、大于或等于（bge）、小于（blt），
决定是否跳转。后两种为有符号比较，RV32I 也提供相应的无
符号版本：bgeu 和 bltu。剩余两种比较操作（大于和小于或
等于）可简单通过交换操作数实现，如 $y > x$ 等价于 $x < y$，
$y \leqslant x$ 等价于 $x \geqslant y$。

可借助一条 bltu 指令
检查有符号的数组边界，
因为根据无符号比较，负
索引比任意非负边界值
都大！

易于编程/编译/链接

简洁

由于 RISC-V 指令长度必须是两字节的倍数（可选的两
字节指令参见第 7 章），分支指令的寻址方式将 12 位立即数乘
以 2，符号扩展后与 PC 相加。PC 相对寻址有助于实现位置
无关代码，以简化链接器和加载器的工作（见第 3 章）。

有何不同？如前文所述，RISC-V 不支持 MIPS-32、Oracle
SPARC 等指令集中被广为诟病的延迟分支特性，也不像 ARM-
32 和 x86-32 那样使用条件码实现条件分支。条件码的存在使
大多数指令必须隐式设置若干额外状态，使乱序执行的依赖关
系判断变得更复杂。最后，RISC-V 不支持 x86-32 的循环指令，
包括 loop、loope、loopz、loopne、loopnz。

补充说明：不需要条件码的多字加法

RV32I 通过 sltu 计算进位：

```
add  a0,a2,a4 # 低 32 位相加：a0 = a2 + a4
sltu a2,a0,a2 # 若 (a2+a4) < a2，则 a2' = 1，否则 a2' = 0
add  a5,a3,a5 # 高 32 位相加：a5 = a3 + a5
add  a1,a2,a5 # 加上低 32 位的进位
```

补充说明：获取 PC

RV32I 可通过立即数字段为 0 的 auipc 获取当前 PC。而在
x86-32 中获取 PC，需要先调用某函数将 PC 压栈，然后该函
数从栈中读出 PC，最后通过弹栈返回 PC。此过程需要 1 次
存数、2 次取数和 2 次跳转！

补充说明：软件检查溢出

大部分（但并非所有）程序都忽略整数算术溢出，故 RISC-V 让软件检查溢出。无符号加法的溢出检查只需在加法指令后额外添加一条分支指令：add t0, t1, t2; bltu t0, t1, overflow。

对于有符号加法，若已知一个操作数的符号，则溢出检查也只需一条分支指令：addi t0, t1, +imm; blt t0, t1, overflow。这适用于常见的加立即数运算。

对于一般的有符号加法，要在加法指令后增加三条指令，其依据是：当且仅当一个操作数为负数时，计算的和小于另一个操作数。

```
add t0, t1, t2
slti t3, t2, 0      # t3 = (t2<0)
slt t4, t0, t1      # t4 = (t1+t2<t1)
bne t3, t4, overflow # 若 (t2<0) && (t1+t2>=t1)
                     # || (t2>=0) && (t1+t2<t1), 则溢出
```

2.7 RV32I 无条件跳转

图 2.1 中的跳转并链接（jal）指令具有两种功能。为支持过程调用，它将下一条指令的地址（PC+4）保存到目的寄存器中，通常保存到返回地址寄存器 ra 中（见图 2.4）。为支持无条件跳转，可将目的寄存器 ra 换成零寄存器（x0），因为写入 x0 不改变其值。与分支指令类似，jal 将 20 位立即数乘以 2，符号扩展后与 PC 相加，从而得到跳转目标地址。

简洁

跳转并链接指令的寄存器版本（jalr）同样有多种用途。它能调用那些地址需要动态计算的过程，也能将 ra 和 x0 分别作为源寄存器和目的寄存器，实现从过程中返回。将 x0 作为目的寄存器，则能实现需要计算跳转地址的 switch 和 case 语句。

有何不同？ RV32I 不支持复杂的过程调用指令，如 x86-32 的 enter 和 leave 指令，也没有引入 Intel 的 Itanium、Oracle 的 SPARC 和 Cadence 的 Tensilica 中的寄存器窗口（register window）特性。

寄存器窗口技术通过远多于 32 个寄存器来加速函数调用。函数调用时，处理器会为其分配新的一组 32 个寄存器（也称为窗口）。为支持参数传递，两个函数的窗口会重叠，这意味着部分寄存器同时属于两个相邻窗口。

2.8　其他 RV32I 指令

通过图 2.1 中的控制状态寄存器（Control Status Register，CSR）指令（csrrc、csrrs、csrrw、csrrci、csrrsi、csrrwi）可轻松访问程序性能计数器。这些 64 位的计数器记录了系统时间、时钟周期以及执行的指令数，可通过 CSR 指令一次读取其中的 32 位。

ecall 指令用于向执行环境发送请求，如系统调用。调试器可通过 ebreak 指令将控制权转移到调试环境。

fence 指令用于对外部可见的设备 I/O 和访存请求进行定序，外部可见指对其他线程、外部设备或协处理器可见。fence.i 指令用于同步指令和数据流。在执行 fence.i 指令前，RISC-V 不保证对指令区域的写入对相同处理器的取指流程可见。

第 10 章将介绍 RISC-V 系统指令。

简洁

有何不同？ RISC-V 通过内存映射 I/O 访问设备，而不像 x86-32 那样使用 in、ins、insb、insw 和 out、outs、outsb 等专用的 I/O 指令。此外，RISC-V 可通过字节访存指令处理字符串，而无须像 x86-32 那样添加 rep、movs、coms、scas、lods 等 16 条专用的字符串处理指令。

2.9　通过插入排序对比 RV32I、ARM-32、MIPS-32 和 x86-32

我们介绍了 RISC-V 基础指令集，并与 ARM-32、MIPS-32 和 x86-32 对比说明其设计选择。我们现在通过真实程序进行量化对比。图 2.5 是插入排序的 C 语言实现，我们把它作为对比的基准测试，将其编译到不同 ISA 的指令数和字节数如图 2.6 所示。

```
void insertion_sort(long a[], size_t n)
{
  for (size_t i = 1, j; i < n; i++) {
    long x = a[i];
    for (j = i; j > 0 && a[j-1] > x; j--) {
      a[j] = a[j-1];
    }
    a[j] = x;
  }
}
```

图 2.5   C 语言实现的插入排序

除了简单，插入排序与复杂的排序算法相比还有许多优势：其内存利用率高，在小数据集上速度快，同时还具有自适应、稳定和在线的特点。GCC 编译器为不同 ISA 生成的代码如图 2.7 至图 2.10 所示。我们通过设置编译优化选项来减小代码大小，以生成最容易理解的代码。

ISA	ARM-32	ARM Thumb-2	MIPS-32	microMIPS	x86-32	RV32I	RV32I+RVC
指令数	19	18	24	24	20	19	19
字节数	76	46	96	56	45	76	52

图 2.6   插入排序在不同 ISA 下生成的指令数和代码大小

第 7 章将介绍 ARM Thumb-2、microMIPS 和 RV32C。

图 2.7 至图 2.10 展示了编译插入排序生成的 RV32I、ARM-32、MIPS-32 和 x86-32 汇编代码。尽管 RISC-V 强调简洁性，但所用指令数与其他 ISA 相同甚至更少，代码大小也十分相近。本例中，RISC-V 采用比较–执行分支指令所节省的指令数，与 ARM-32（见图 2.8）和 x86-32（见图 2.10）采用复杂寻址模式以及压栈/弹栈指令所节省的指令数相当。

```
# RV32I (19 条指令, 76 字节; 带 RVC 则 52 字节)
# a1 是变量 n, a3 指向 a[0], a4 是变量 i, a5 是变量 j, a6 是变量 x
   0: 00450693  addi  a3,a0,4     # a3 指向 a[i]
   4: 00100713  addi  a4,x0,1     # i = 1
Outer Loop:
   8: 00b76463  bltu  a4,a1,10    # 若 i < n, 则跳转到 Continue Outer Loop
Exit Outer Loop:
   c: 00008067  jalr  x0,x1,0     # 函数返回
Continue Outer Loop:
  10: 0006a803  lw    a6,0(a3)    # x = a[i]
  14: 00068613  addi  a2,a3,0     # a2 指向 a[j]
  18: 00070793  addi  a5,a4,0     # j = i
Inner Loop:
  1c: ffc62883  lw    a7,-4(a2)   # a7 = a[j-1]
  20: 01185a63  bge   a6,a7,34    # 若 a[j-1] <= a[i], 则跳转到 Exit Inner Loop
  24: 01162023  sw    a7,0(a2)    # a[j] = a[j-1]
  28: fff78793  addi  a5,a5,-1    # j--
  2c: ffc60613  addi  a2,a2,-4    # 递减 a2 后指向 a[j]
  30: fe0796e3  bne   a5,x0,1c    # 若 j != 0, 则跳转到 Inner Loop
Exit Inner Loop:
  34: 00279793  slli  a5,a5,0x2   # 把 a5 乘以 4
  38: 00f507b3  add   a5,a0,a5    # 此时 a5 为 a[j] 的地址
  3c: 0107a023  sw    a6,0(a5)    # a[j] = x
  40: 00170713  addi  a4,a4,1     # i++
  44: 00468693  addi  a3,a3,4     # 递增 a3 后指向 a[i]
  48: fc1ff06f  jal   x0,8        # 跳转到 Outer Loop
```

图 2.7 图 2.5 中插入排序的 RV32I 代码

从左到右依次是十六进制地址、十六进制机器语言代码、汇编语言指令和注释。RV32I 通过两个寄存器指向 a[j] 和 a[j-1]。RV32I 有充足的寄存器，其中一些是 ABI 专门为过程调用分配的。与其他 ISA 不同，RV32I 无须保存和恢复这些寄存器。虽然 RV32I 的代码大小比 x86-32 的大，但能通过可选的 RV32C 扩展（见第 7 章）缩小该差距。同时，RV32I 使用比较-分支指令可节省 ARM-32 和 x86-32 所需的 3 条比较指令。

```
# ARM-32 (19 条指令, 76 字节; 带 Thumb-2 则 18 条指令, 46 字节)
# r0 指向 a[0], r1 是变量 n, r2 是变量 j, r3 是变量 i, r4 是变量 x
  0: e3a03001 mov  r3, #1          # i = 1
  4: e1530001 cmp  r3, r1          # i 与 n 比较 (是否有必要)
  8: e1a0c000 mov  ip, r0          # ip = a[0]
  c: 212fff1e bxcs lr              # 返回地址不切换 ISA
 10: e92d4030 push {r4, r5, lr}    # 保存 r4、r5 和返回地址
Outer Loop:
 14: e5bc4004 ldr  r4, [ip, #4]!   # x = a[i]; 增加 ip
 18: e1a02003 mov  r2, r3          # j = i
 1c: e1a0e00c mov  lr, ip          # lr = a[0] (将 lr 用作临时寄存器)
Inner Loop:
 20: e51e5004 ldr  r5, [lr, #-4]   # r5 = a[j-1]
 24: e1550004 cmp  r5, r4          # 比较 a[j-1] 和 x
 28: da000002 ble  38             # 若 a[j-1]<=a[i], 则跳转到 Exit Inner Loop
 2c: e2522001 subs r2, r2, #1      # j--
 30: e40e5004 str  r5, [lr], #-4   # a[j] = a[j-1]
 34: 1afffff9 bne  20             # 若 j != 0, 则跳转到 Inner Loop
Exit Inner Loop:
 38: e2833001 add  r3, r3, #1      # i++
 3c: e1530001 cmp  r3, r1          # 比较 i 和 n
 40: e7804102 str  r4, [r0, r2, lsl #2] # a[j] = x
 44: 3afffff2 bcc  14             # 若 i < n, 则跳转到 Outer Loop
 48: e8bd8030 pop  {r4, r5, pc}    # 恢复 r4、r5 和返回地址
```

图 2.8 图 2.5 中插入排序的 ARM-32 代码

从左到右依次是十六进制地址、十六进制机器语言代码、汇编语言指令和注释。由于寄存器较少，代码需要将两个寄存器和返回地址保存到栈中供后续使用。代码采用的寻址方式将 i 和 j 展开为字节地址。鉴于分支跳转有可能在 ARM-32 和 Thumb-2 之间切换，在保存返回地址前，需要通过 bxcs 将其最低位置 0。条件码节省了递减 j 后的一条比较指令，但其他地方仍需要 3 条比较指令。

```
# MIPS-32 (24 条指令, 96 字节; 带 microMIPS 则 56 字节)
# a1 是变量 n, a3 指向 a[0], v0 是变量 j, v1 是变量 i, t0 是变量 x
   0: 24860004 addiu a2,a0,4    # a2 指向 a[i]
   4: 24030001 li    v1,1       # i = 1
Outer Loop:
   8: 0065102b sltu  v0,v1,a1   # i < n 时置 1
   c: 14400003 bnez  v0,1c      # 若 i < n, 则跳转到 Continue Outer Loop
  10: 00c03825 move  a3,a2      # a3 指向 a[j] (延迟槽已填充)
  14: 03e00008 jr    ra         # 函数返回
  18: 00000000 nop              # 分支延迟槽未填充
Continue Outer Loop:
  1c: 8cc80000 lw    t0,0(a2)   # x = a[i]
  20: 00601025 move  v0,v1      # j = i
Inner Loop:
  24: 8ce9fffc lw    t1,-4(a3)  # t1 = a[j-1]
  28: 00000000 nop              # 读数延迟槽未填充
  2c: 0109502a slt   t2,t0,t1   # a[i] < a[j-1] 时置 1
  30: 11400005 beqz  t2,48      # 若 a[j-1] < = a[i], 则跳转到 Exit Inner Loop
  34: 00000000 nop              # 分支延迟槽未填充
  38: 2442ffff addiu v0,v0,-1   # j--
  3c: ace90000 sw    t1,0(a3)   # a[j] = a[j-1]
  40: 1440fff8 bnez  v0,24      # 若 j != 0, 则跳转到 Inner Loop
  44: 24e7fffc addiu a3,a3,-4   # 递减 a3 后指向 a[j] (延迟槽已填充)
Exit Inner Loop:
  48: 00021080 sll   v0,v0,0x2  #
  4c: 00821021 addu  v0,a0,v0   # 此时 v0 为 a[j] 的地址
  50: ac480000 sw    t0,0(v0)   # a[j] = x
  54: 24630001 addiu v1,v1,1    # i++
  58: 1000ffeb b     8          # 跳转到 Outer Loop
  5c: 24c60004 addiu a2,a2,4    # 递增 a2 后指向 a[i] (延迟槽已填充)
```

图 2.9　图 2.5 中插入排序的 MIPS-32 代码

从左到右依次是十六进制地址、十六进制机器语言代码、汇编语言指令和注释。MIPS-32 代码中有三条 nop 指令，增加了它的长度，其中两条因延迟分支产生，另一条因延迟取数产生。编译器无法找到有用指令来填充这些延迟槽。延迟分支也让代码更难理解，因为在跳转时，延迟槽中的指令仍会执行。例如，即使地址 5c 处的最后一条指令（addiu）位于分支指令后，它仍是循环的一部分。

```
# x86-32 (20 条指令, 45 字节)
# eax 是变量 j, ecx 是变量 x, edx 是变量 i
# 指向 a[0] 的指针位于内存地址 esp+0xc, 变量 n 位于内存地址 esp+0x10
  0: 56              push esi            # 把 esi 存到栈中 (之后要用 esi)
  1: 53              push ebx            # 把 ebx 存到栈中 (之后要用 ebx)
  2: ba 01 00 00 00  mov edx,0x1         # i = 1
  7: 8b 4c 24 0c     mov ecx,[esp+0xc]   # ecx 指向 a[0]
Outer Loop:
  b: 3b 54 24 10     cmp edx,[esp+0x10]  # 比较 i 和 n
  f: 73 19           jae 2a <Exit Loop>  # 若 i >= n, 则跳转到 Exit Outer Loop
 11: 8b 1c 91        mov ebx,[ecx+edx*4] # x = a[i]
 14: 89 d0           mov eax,edx         # j = i
Inner Loop:
 16: 8b 74 81 fc     mov esi,[ecx+eax*4-0x4] # esi = a[j-1]
 1a: 39 de           cmp esi,ebx         # 比较 a[j-1] 和 x
 1c: 7e 06           jle 24 <Exit Loop>  # 若 a[j-1] <= a[i], 则跳转到 Exit Inner Loop
 1e: 89 34 81        mov [ecx+eax*4],esi # a[j] = a[j-1]
 21: 48              dec eax             # j--
 22: 75 f2           jne 16 <Inner Loop> # 若 j != 0, 则跳转到 Inner Loop
Exit Inner Loop:
 24: 89 1c 81        mov [ecx+eax*4],ebx # a[j] = x
 27: 42              inc edx             # i++
 28: eb e1           jmp b <Outer Loop>  # 跳转到 Outer Loop
Exit Outer Loop:
 2a: 5b              pop ebx             # 从栈中恢复 ebx 的旧值
 2b: 5e              pop esi             # 从栈中恢复 esi 的旧值
 2c: c3              ret                 # 函数返回
```

图 2.10 图 2.5 中插入排序的 x86-32 代码

从左到右依次是十六进制地址、十六进制机器语言代码、汇编语言指令和注释。由于寄存器较少, 代码需要将两个寄存器保存到栈中供后续使用。而且, 在 RV32I 中可分配在寄存器的两个变量 (n 和指向 a[0] 的指针), 在 x86-32 中只能分配在内存。代码使用比例变址 (scaled indexed) 寻址方式来方便访问 a[i] 和 a[j]。在这 20 条 x86-32 指令中, 有 7 条 1 字节长的指令, 使这个简单程序在 x86-32 上编译出很短的代码。x86 汇编语言有两种常用版本: Intel/Microsoft 和 AT&T/Linux。此处使用 Intel 语法, 一部分原因是目的操作数位于左边, 源操作数位于右边, 这与 RISC-V、ARM-32 和 MIPS-32 的操作数顺序一致。而 AT&T 的操作数顺序与之相反, 且需要在寄存器名称前加上 "%"。对于一些程序员来说, 这件看似微不足道的事情几乎是一个宗教问题。上述选择纯粹是为了方便教学, 无意引战。

2.10　结语

> 那些遗忘过去的人注定要重蹈覆辙。
>
> ——乔治·桑塔亚那（George Santayana），1905 年

根据第 1 章介绍的 7 个 ISA 设计评价指标，图 2.11 组织整理了从前文所述的旧指令集中吸取的经验教训，并展示 RV32I 的正确选择。这并不代表 RISC-V 是第一个采用这些设计的 ISA，事实上，RV32I 从它的高祖父 RISC-I（Patterson, 2017）继承了以下特性：

- 32 位字节寻址的地址空间。
- 所有指令均为 32 位。
- 31 个 32 位寄存器，0 号寄存器硬连线为 0。
- 在寄存器间进行所有操作，没有寄存器和内存间的操作。
- 存/取字指令，以及有符号和无符号的字节和半字存/取指令。
- 所有算术、逻辑和移位指令都有相应的立即数版本。
- 立即数总是符号扩展。
- 仅提供唯一一种数据寻址模式（寄存器 + 立即数）和 PC 相对分支跳转。
- 无乘法和除法指令。
- 一条将大立即数装入寄存器高位的指令，故构造 32 位常数只需两条指令。

得益于起步时间比过去的 ISA 晚 20～30 年，RISC-V 架构师可以实践 Santayana 的建议，借鉴包括 RISC-I 在内不同 ISA 的设计，取其精华，去其糟粕。此外，RISC-V 国际基金会将以可选扩展的方式缓慢地演进指令集，以规避给过去的成功 ISA 带来麻烦的野蛮生长现象。

所有 RISC-V 指令的谱系记录在（Chen et al. 2016）中。

Lindy 效应（Lindy effect, 2017）指，一项技术或思想的预期寿命与其年龄成正比。既然它经受住时间的考验，那么它在过去存活得越久，在未来也会存活得越久。若此假设成立，则在很长一段时间内，RISC 架构将是一项好的设计。

优雅

| | 过去的错误设计 | | | 吸取的经验教训 |
	ARM-32（1986）	MIPS-32（1986）	x86-32（1978）	RV32I（2010）
成本	整数乘法必选	整数乘除法必选	8 位和 16 位操作；整数乘除法必选	无 8 位和 16 位操作；整数乘除法可选（RV32M）
简洁	无零寄存器；条件执行指令；寻址模式复杂；栈指令（push/pop）、算术/逻辑指令中可移位	立即数有零扩展和符号扩展；部分算术指令会触发溢出自陷	无零寄存器；过程调用/返回指令（enter/leave）复杂；栈指令（push/pop）；寻址模式复杂；循环指令	零寄存器 x0；立即数仅符号扩展；寻址模式唯一；无条件执行；无复杂调用/返回指令和栈指令；算术溢出无自陷；独立的移位指令
性能	分支指令条件码；指令格式中源/目的寄存器位置不固定；多字读数；立即数需计算；PC 作为通用寄存器	指令格式中源/目的寄存器位置不固定	分支指令条件码；二操作数指令	比较–跳转指令（无条件码）；三操作数指令；无多字读取；指令格式中源/目的寄存器位置固定、立即数为常数；PC 不是通用寄存器
架构和实现分离	像通用寄存器般写入 PC 暴露流水线长度	延迟分支；延迟取数；乘除法专用的 HI 和 LO 寄存器	部分寄存器不通用（AX、CX、DX、DI、SI 有特殊用途）	无延迟分支；无延迟读数；通用寄存器
提升空间	可用操作码空间有限	可用操作码空间有限		可用操作码空间丰富
代码大小	仅 32 位指令（Thumb-2 为独立 ISA）	仅 32 位指令（microMIPS 为独立 ISA）	指令长度可变，但选择很少	32 位指令 +16 位 RV32C 扩展
易于编程/编译/链接	仅 15 个寄存器；内存数据必须对齐；寻址模式不规则；性能计数器不一致	内存数据必须对齐；性能计数器不一致	仅 8 个寄存器；无 PC 相对数据寻址模式；性能计数器不一致	31 个寄存器；数据不必对齐；PC 相对数据寻址模式；数据寻址模式对称；性能计数器，在架构中定义

图 2.11 RISC-V 架构师从过去指令集的错误设计中吸取的经验教训

通常这些经验教训只是为规避过去的 ISA 做出的"优化"。这些经验教训按照第 1 章提出的 7 个 ISA 设计评价指标分类。根据不同的设计品位，图中成本、简洁和性能所列举的许多特性可互换。但这些特性无论出现在哪里，都很重要。

补充说明：RV32I 是否独一无二

早期的微处理器有独立的浮点运算芯片，故浮点运算指令是可选的。摩尔定律很快将所有功能集成到同一块芯片上，模块化也逐渐从 ISA 中消失。在简单处理器中只实现完整 ISA 的子集，并通过陷入软件来模拟未实现指令的做法始于数十年前，如 IBM 的 360-44 和 DEC 公司的 microVAX。RV32I 的不同之处在于，只需基础指令即可支持完整的软件栈，故 RV32I 处理器无须反复自陷来模拟 RV32G 中的未实现指令。在这方面，最接近 RISC-V 的 ISA 可能是 Tensilica 公司为嵌入式应用设计的 Xtensa。它包含 80 条基础指令，用户可根据需求添加自定义指令来加速应用程序。与 Xtensa 相比，RV32I 的基础 ISA 更简单，不但有 64 位地址版本，还提供针对超级计算机和微控制器的扩展。

2.11　扩展阅读

Lindy effect[EB/OL]. 2017. `https:// en.wikipedia.org/ wiki/ Lindy_effect`.

CHEN T, PATTERSON D A. RISC-V genealogy: UCB/EECS-2016-6[R/OL]. EECS Department, University of California, Berkeley, 2016. `http://www2.eecs.berkeley.edu/Pubs/TechRpts/2016/ EECS-2016-6.html`.

IRVINE K R. Assembly language for x86 processors[M]. [S.l.]: Prentice Hall, 2014.

PATTERSON D. How close is RISC-V to RISC-I?[J]. UC Berkeley ASPIRE Blog, 2017 (June 19).

WATERMAN A, ASANOVIĆ K. The RISC-V instruction set manual, volume I: User-level ISA, version 2.2[M/OL]. RISC-V Foundation, 2017. `https://riscv.org/specifications/`.

第3章

RISC-V 汇编语言

给看似困难的问题找到简单的解法往往令人满足，而最好的解法通常是简单的。

——伊凡·苏泽兰（Ivan Sutherland）

3.1 导言

图 3.1 展示了将 C 程序翻译成计算机可执行的机器语言
程序的四个经典步骤。本章介绍后三个步骤，但要先介绍汇编
器在 RISC-V 调用约定（calling convention）中的作用。

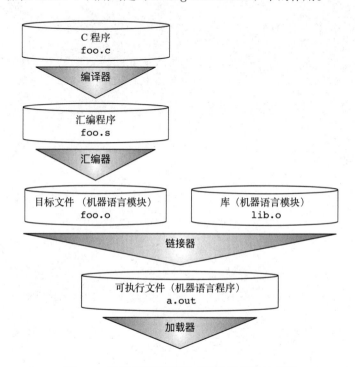

图 3.1 将 C 源代码翻译成可执行程序的步骤

这些步骤是概念上的，实际上会合并某些步骤来加速翻译过程。此处采用 UNIX 文件后缀命名规范，在 MS-DOS 中相应的后缀为.C、.ASM、.OBJ、.LIB 和.EXE。

伊凡·苏泽兰（1938—）
因 1962 年发明 Sketch-
pad 获图灵奖，被誉
为计算机图形学之父。
Sketchpad 是现代计算
机图形用户界面的先驱。

3.2 调用约定

函数调用过程通常分为六个阶段（Patterson et al. 2021）：
1. 将参数存放到函数可访问的位置。
2. 跳转到函数入口（使用 RV32I 的 `jal` 指令）。
3. 获取函数所需的局部存储资源，按需保存寄存器。
4. 执行函数功能。

5. 将返回值存放到调用者可访问的位置，恢复寄存器，释放局部存储资源。

6. 由于程序可从多处调用函数，故需将控制权返回到调用点（使用 `ret` 指令）。

为提升性能，应尽量将变量存放在寄存器而不是内存中，但同时也要避免因保存和恢复寄存器而频繁访问内存。

性能

幸运的是，RISC-V 有足够的寄存器兼顾两者：既能将操作数存放在寄存器，又能减少保存和恢复它们的次数。关键在于，一些寄存器不保证其值在函数调用前后保持一致，它们被称为临时寄存器；另一些能保证，它们被称为保存寄存器。不再调用其他函数的函数被称为叶子函数。当一个叶子函数只有少量参数和局部变量时，可将其分配到寄存器，无须分配到内存。大部分函数调用均如此，此时程序无须将寄存器保存到内存。

函数调用中的寄存器，要么作为保存寄存器，其值在函数调用前后保持不变；要么作为临时寄存器，其值在函数调用前后可能改变。函数会修改存放返回值的寄存器，函数参数和返回地址也无须保存，故它们与临时寄存器类似。对于包括栈指针的其他寄存器，调用者可认为其值在函数调用前后保持不变。图 3.2 列出了 RISC-V 应用程序二进制接口（ABI）约定的寄存器名称，以及其值是否在函数调用前后保持不变。

根据 ABI 规范，我们来看函数入口和出口的标准 RV32I 代码。函数的准备阶段（prologue）如下：

```
entry_label:
  addi sp,sp,-framesize    # 调整栈指针 (sp 寄存器) 来分配栈帧
  sw   ra,framesize-4(sp)  # 保存返回地址 (ra 寄存器)
  # 按需保存其他寄存器
  ... # 函数体
```

如果寄存器无法容纳过多的参数和局部变量，准备阶段会在栈上为函数栈帧分配空间。当函数任务完成后，其结束阶段（epilogue）将释放栈帧并返回调用点：

```
  # 按需恢复其他寄存器
  lw   ra,framesize-4(sp)  # 恢复返回地址寄存器
  addi sp,sp,framesize     # 释放栈帧空间
  ret                      # 返回调用点
```

寄存器	ABI 名称	描述	调用前后是否一致
x0	zero	硬连线为 0	—
x1	ra	返回地址	否
x2	sp	栈指针	是
x3	gp	全局指针	—
x4	tp	线程指针	—
x5	t0	临时寄存器/备用链接寄存器	否
x6, x7	t1, t2	临时寄存器	否
x8	s0/fp	保存寄存器/帧指针	是
x9	s1	保存寄存器	是
x10, x11	a0, a1	函数参数/返回值	否
x12~x17	a2~a7	函数参数	否
x18~x27	s2~s11	保存寄存器	是
x28~x31	t3~t6	临时寄存器	否
f0~f7	ft0~ft7	浮点临时寄存器	否
f8, f9	fs0, fs1	浮点保存寄存器	是
f10, f11	fa0, fa1	浮点参数/返回值	否
f12~f17	fa2~fa7	浮点参数	否
f18~f27	fs2~fs11	浮点保存寄存器	是
f28~f31	ft8~ft11	浮点临时寄存器	否

图 3.2　RISC-V 整数和浮点寄存器的汇编助记符

RISC-V 有足够的寄存器供 ABI 分配给过程自由使用，在其不产生其他调用时无须保存和恢复。过程调用前后保持不变的寄存器也被称为被调用者保存寄存器，反之则称调用者保存寄存器。浮点（f）寄存器将在第 5 章中介绍。〔此图源于（Waterman et al. 2017）的表 20.1〕

　　　　我们稍后将看到使用这套 ABI 的一个示例程序，在此之前，需要介绍在汇编过程中除将寄存器 ABI 名称转换为寄存器编号以外的工作。

补充说明：保存寄存器和临时寄存器的编号并非连续

这是为了支持 RV32E，一个只有 16 个寄存器的 RISC-V 嵌入式版本（见第 11 章）。它只使用寄存器 x0~x15，其中包含一部分保存寄存器和临时寄存器，另一部分则在另外 16 个寄存器中。RV32E 更精巧，但与 RV32I 不兼容，故编译器尚未支持[1]。

[1]译者注：2019 年 5 月发布的 GCC 9 已支持 RV32E。

3.3 汇编器

在 UNIX 系统中，此步骤的输入文件后缀为 .s，如 foo.s；在 MS-DOS 中则为 .ASM。

图 3.1 中汇编器的作用不仅是用处理器可理解的指令生成目标代码，还支持一些对汇编语言程序员或编译器开发者有用的操作。这类操作是常规指令的巧妙特例，被称为伪指令。图 3.3 和图 3.4 列出了 RISC-V 伪指令，前者依赖恒为 0 的零寄存器 x0，后者无此要求。例如，上文提到的 ret 实际上是一条伪指令，汇编器将其替换为 jalr x0, x1, 0（见图 3.3）。大多数 RISC-V 伪指令依赖 x0，故将 32 个寄存器的其中一个硬连线为 0，能利用伪指令提供许多常用操作，如跳转、返回和等于零时分支，这极大简化了 RISC-V 指令集。

图 3.5 为经典的 C 程序 "Hello World"，编译器生成的汇编语言程序如图 3.6 所示，其中使用了图 3.2 中的调用约定以及图 3.3 和图 3.4 中的伪指令。

简洁

"Hello World" 程序通常是一个新处理器运行的第一个程序。 架构师通常把能运行操作系统并成功打印 "Hello World" 作为新芯片能基本工作的重要标志。他们将打印结果发邮件给领导和同事，然后互相庆祝。

伪指令	基础指令	含义
nop	addi x0, x0, 0	空操作
neg rd, rs	sub rd, x0, rs	取负
negw rd, rs	subw rd, x0, rs	取负字
snez rd, rs	sltu rd, x0, rs	不等于零时置位
sltz rd, rs	slt rd, rs, x0	小于零时置位
sgtz rd, rs	slt rd, x0, rs	大于零时置位
beqz rs, offset	beq rs, x0, offset	等于零时分支
bnez rs, offset	bne rs, x0, offset	不等于零时分支
blez rs, offset	bge x0, rs, offset	小于或等于零时分支
bgez rs, offset	bge rs, x0, offset	大于或等于零时分支
bltz rs, offset	blt rs, x0, offset	小于零时分支
bgtz rs, offset	blt x0, rs, offset	大于零时分支
j offset	jal x0, offset	跳转
jr rs	jalr x0, rs, 0	寄存器跳转
ret	jalr x0, x1, 0	从子过程返回
tail offset	auipc x6, offset[31:12] jalr x0, x6, offset[11:0]	尾调用远距离子过程
rdinstret[h] rd	csrrs rd, instret[h], x0	读已提交指令计数器
rdcycle[h] rd	csrrs rd, cycle[h], x0	读周期计数器
rdtime[h] rd	csrrs rd, time[h], x0	读实时时钟
csrr rd, csr	csrrs rd, csr, x0	CSR 读
csrw csr, rs	csrrw x0, csr, rs	CSR 写
csrs csr, rs	csrrs x0, csr, rs	CSR 置位
csrc csr, rs	csrrc x0, csr, rs	CSR 清位
csrwi csr, imm	csrrwi x0, csr, imm	CSR 写立即数
csrsi csr, imm	csrrsi x0, csr, imm	CSR 置位立即数
csrci csr, imm	csrrci x0, csr, imm	CSR 清位立即数
frcsr rd	csrrs rd, fcsr, x0	读浮点控制/状态寄存器
fscsr rs	csrrw x0, fcsr, rs	写浮点控制/状态寄存器
frrm rd	csrrs rd, frm, x0	读浮点舍入模式
fsrm rs	csrrw x0, frm, rs	写浮点舍入模式
frflags rd	csrrs rd, fflags, x0	读浮点异常标志
fsflags rs	csrrw x0, fflags, rs	写浮点异常标志

图 3.3 依赖零寄存器 x0 的 32 条 RISC-V 伪指令

附录 A 包含这些 RISC-V 伪指令及其对应的真实指令。在 RV32I 中，那些读取 64 位计数器的指令默认读取低 32 位，可通过以 "h" 结尾的指令读取高 32 位。〔此图源于（Waterman et al. 2017）的表 20.2 和表 20.3〕

伪指令	基础指令	含义
lla rd, symbol	auipc rd, symbol[31:12] addi rd, rd, symbol[11:0]	装入局部地址
la rd, symbol	*PIC*: auipc rd, GOT[symbol][31:12] l{w|d} rd, rd, GOT[symbol][11:0] 非 *PIC*: 与 lla rd, symbol 相同	装入地址
l{b|h|w|d} rd, symbol	auipc rd, symbol[31:12] l{b|h|w|d} rd, symbol[11:0](rd)	读全局符号
s{b|h|w|d} rd, symbol, rt	auipc rt, symbol[31:12] s{b|h|w|d} rd, symbol[11:0](rt)	写全局符号
fl{w|d} rd, symbol, rt	auipc rt, symbol[31:12] fl{w|d} rd, symbol[11:0](rt)	读全局浮点符号
fs{w|d} rd, symbol, rt	auipc rt, symbol[31:12] fs{w|d} rd, symbol[11:0](rt)	写全局浮点符号
li rd, immediate	多种指令序列	装入立即数
mv rd, rs	addi rd, rs, 0	复制寄存器
not rd, rs	xori rd, rs, -1	取反
sext.w rd, rs	addiw rd, rs, 0	符号扩展字
seqz rd, rs	sltiu rd, rs, 1	等于零时置位
fmv.s rd, rs	fsgnj.s rd, rs, rs	复制单精度寄存器
fabs.s rd, rs	fsgnjx.s rd, rs, rs	单精度绝对值
fneg.s rd, rs	fsgnjn.s rd, rs, rs	单精度相反数
fmv.d rd, rs	fsgnj.d rd, rs, rs	复制双精度寄存器
fabs.d rd, rs	fsgnjx.d rd, rs, rs	双精度绝对值
fneg.d rd, rs	fsgnjn.d rd, rs, rs	双精度相反数
bgt rs, rt, offset	blt rt, rs, offset	大于时分支
ble rs, rt, offset	bge rt, rs, offset	小于或等于时分支
bgtu rs, rt, offset	bltu rt, rs, offset	无符号大于时分支
bleu rs, rt, offset	bgeu rt, rs, offset	无符号小于或等于 时分支
jal offset	jal x1, offset	跳转并链接
jalr rs	jalr x1, rs, 0	寄存器跳转并链接
call offset	auipc x1, offset[31:12] jalr x1, x1, offset[11:0]	调用远距离子过程
fence	fence iorw, iorw	内存和 I/O 屏障
fscsr rd, rs	csrrw rd, fcsr, rs	交换浮点控制/状态 寄存器
fsrm rd, rs	csrrw rd, frm, rs	交换浮点舍入模式
fsflags rd, rs	csrrw rd, fflags, rs	交换浮点异常标志

图 3.4　与零寄存器 x0 无关的 28 条 RISC-V 伪指令

在 la 指令一栏，GOT 代表全局偏移量表（Global Offset Table），用于记录动态链接库中符号的运行时地址。附录 A 包含这些 RISC-V 伪指令及其对应的真实指令。〔此图源于（Waterman et al. 2017）的表 20.2 和表 20.3〕

```
#include <stdio.h>
int main()
{
    printf("Hello, %s\n", "world");
    return 0;
}
```

图 3.5　C 语言的 Hello World 程序（hello.c）

```
    .text                    # 指示符: 进入代码节
    .align 2                 # 指示符: 将代码按 2² 字节对齐
    .globl main              # 指示符: 声明全局符号 main
main:                        # main 的开始符号
    addi sp,sp,-16           # 分配栈帧
    sw   ra,12(sp)           # 保存返回地址
    lui  a0,%hi(string1)     # 计算 string1
    addi a0,a0,%lo(string1)  #   的地址
    lui  a1,%hi(string2)     # 计算 string2
    addi a1,a1,%lo(string2)  #   的地址
    call printf              # 调用 printf 函数
    lw   ra,12(sp)           # 恢复返回地址
    addi sp,sp,16            # 释放栈帧
    li   a0,0                # 装入返回值 0
    ret                      # 返回
    .section .rodata         # 指示符: 进入只读数据节
    .balign 4                # 指示符: 将数据按 4 字节对齐
string1:                     # 第一个字符串符号
    .string "Hello, %s!\n"   # 指示符: 以空字符结尾的字符串
string2:                     # 第二个字符串符号
    .string "world"          # 指示符: 以空字符结尾的字符串
```

图 3.6　RISC-V 汇编语言的 Hello World 程序（hello.s）

　　以英文句号开头的命令被称为汇编器指示符（assembler directives）。这些命令作用于汇编器，而非由其翻译的代码，具体用于通知汇编器在何处放置代码和数据、指定程序中使用的代码和数据常量等。图 3.7 展示了 RISC-V 的汇编器指示符。其中图 3.6 中用到的指示符有：

- `.text`——进入代码节。
- `.align 2`——后续代码按 2^2 字节对齐。
- `.globl main`——声明全局符号 "main"。
- `.section .rodata`——进入只读数据节
- `.balign 4`——数据节按 4 字节对齐。
- `.string "Hello,%s!\n"`——创建以空字符结尾的字符串。
- `.string "world"`——创建以空字符结尾的字符串。

指示符	描述
`.text`	后续内容存放在代码节（机器代码）
`.data`	后续内容存放在数据节（全局变量）
`.bss`	后续内容存放在 bss 节（初始化为 0 的全局变量）
`.section .foo`	后续内容存放在名为 `.foo` 的节
`.align n`	后续数据按 2^n 字节对齐。如 `.align 2` 指示后续数据按字对齐
`.balign n`	后续数据按 n 字节对齐。如 `.balign 4` 指示后续数据按字对齐
`.globl sym`	声明 sym 为全局符号，可从其他文件引用
`.string "str"`	将字符串 str 存放在内存，以空字符结尾
`.byte b1,…,bn`	在内存中连续存放 n 个 8 位数据
`.half w1,…,wn`	在内存中连续存放 n 个 16 位数据
`.word w1,…,wn`	在内存中连续存放 n 个 32 位数据
`.dword w1,…,wn`	在内存中连续存放 n 个 64 位数据。
`.float f1,…,fn`	在内存中连续存放 n 个单精度浮点数
`.double d1,…,dn`	在内存中连续存放 n 个双精度浮点数
`.option rvc`	压缩后续指令（见第 7 章）
`.option norvc`	不压缩后续指令
`.option relax`	允许链接器松弛后续指令
`.option norelax`	禁止链接器松弛后续指令
`.option pic`	后续指令为位置无关代码
`.option nopic`	后续指令为位置相关代码
`.option push`	将当前所有 `.option` 选项压栈，后续 `.option pop` 可恢复
`.option pop`	将选项弹栈，将所有 `.option` 恢复为上次 `.option push` 的配置

图 3.7 常用的 RISC-V 汇编器指示符

　　汇编器生成如图 3.8 所示的 ELF（Executable and Link-able Format，可执行可链接格式）标准格式目标文件（TIS Committee, 1995）。

```
00000000 <main>:
 0: ff010113   addi   sp,sp,-16
 4: 00112623   sw     ra,12(sp)
 8: 00000537   lui    a0,0x0
 c: 00050513   mv     a0,a0
10: 000005b7   lui    a1,0x0
14: 00058593   mv     a1,a1
18: 00000097   auipc  ra,0x0
1c: 000080e7   jalr   ra
20: 00c12083   lw     ra,12(sp)
24: 01010113   addi   sp,sp,16
28: 00000513   li     a0,0
2c: 00008067   ret
```

图 3.8　RISC-V 机器语言的 Hello World 程序（`hello.o`）

地址 8 到 1c 这六条指令的地址字段为 0，后续由链接器填充。目标文件的符号表记录了链接器需要填充的符号和所有指令的地址。

3.4　链接器

　　链接器允许分别编译和汇编各文件，故只改动一个文件时无须重新编译所有源代码。链接器把新目标代码和已有机器语言模块（如函数库）"拼接"起来，其名源于其中一项功能，即编辑目标文件中所有"跳转并链接"指令的链接目标。图 3.1 中此步骤史称"链接编辑器"（link editor），实际上"链接器"为其简称。在 UNIX 系统中，链接器的输入文件后缀为 `.o`（如 `foo.o`、`libc.o`），输出 `a.out` 文件；在 MS-DOS 中，输入文件后缀为 `.OBJ` 或 `.LIB`，输出 `.EXE` 文件。

　　图 3.9 展示了一个典型 RISC-V 程序中分配给代码和数据的内存区域地址，链接器需要根据图中地址调整所有目标文件中指令的程序地址和数据地址。若输入文件为位置无关代码（PIC），链接器的工作量会有所降低。PIC 意味着无论代码位于何处，文件中所有分支指令和数据引用均正确。如第 2 章所述，RV32I 中 PC 相对分支指令使 PIC 更容易实现。

　　除指令外，每个目标文件还包含一张符号表，用于记录程序中所有需要在链接过程中确定地址的符号，其中包含数据符号和代码符号。图 3.6 中有两个数据符号（`string1` 和 `string2`）

易于编程/编译/链接

和两个代码符号（main 和 printf）待确定。由于一条 32 位指令难以容纳一个 32 位地址，链接器通常需要为每个符号调整两条 RV32I 指令。如图 3.6 所示：数据地址需要调整 lui 和 addi，代码地址需要调整 auipc 和 jalr。图 3.10 为图 3.8 中的目标文件链接后生成的 a.out 文件。

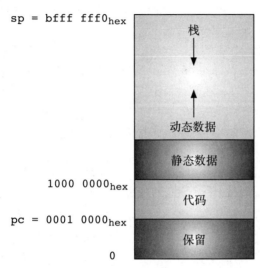

图 3.9　RV32I 程序和数据的内存分配

图中顶部为高地址，底部为低地址。在 RISC-V 软件约定中，栈指针（sp）从 bfff fff0hex 开始向下方的静态数据区生长；代码从 0001 0000hex 开始，包含静态链接库；代码区上方是静态数据区，本例假设从 1000 0000hex 开始；静态数据区上方是动态数据区，在 C 语言中通过 malloc() 分配，称为堆（heap），它向上方的栈区生长，还包含动态链接库。

```
000101b0 <main>:
   101b0: ff010113 addi sp,sp,-16
   101b4: 00112623 sw   ra,12(sp)
   101b8: 00021537 lui  a0,0x21
   101bc: a1050513 addi a0,a0,-1520 # 20a10 <string1>
   101c0: 000215b7 lui  a1,0x21
   101c4: a1c58593 addi a1,a1,-1508 # 20a1c <string2>
   101c8: 288000ef jal  ra,10450 <printf>
   101cc: 00c12083 lw   ra,12(sp)
   101d0: 01010113 addi sp,sp,16
   101d4: 00000513 li   a0,0
   101d8: 00008067 ret
```

图 3.10　链接后的 RISC-V 机器语言的 Hello World 程序

在 UNIX 系统中，其文件名为 a.out。

RISC-V 编译器支持多种 ABI，具体取决于是否包含 F 和 D 扩展。RV32 的 ABI 有 ilp32、ilp32f 和 ilp32d。ilp32 表示 C 语言的整型（int）、长整型（long）和指针（pointer）都是 32 位的，可选后缀表示如何传递浮点参数。在 ilp32 中，浮点参数通过整数寄存器传递；在 ilp32f 中，单精度浮点参数通过浮点寄存器传递；在 ilp32d 中，双精度浮点参数也通过浮点寄存器传递。

当然，要用浮点寄存器传递浮点参数，需要实现相应的 F 或 D 浮点 ISA 扩展（见第 5 章）。故要将代码编译为 RV32I （GCC 选项 "-march=rv32i"），必须使用 ilp32 ABI（GCC 选项 "-mabi=ilp32"）。另一方面，支持浮点指令并不意味着调用约定必须使用它们，因此 RV32IFD 与 ilp32、ilp32f 和 ilp32d 都兼容。

链接器会检查程序的 ABI 与其所有链接库是否匹配。尽管编译器支持多种 ABI 和 ISA 扩展的组合，但机器上可能只安装了几种特定组合的库。因此，一个常见问题是在未安装兼容库的情况下试图链接程序。此时链接器不会输出有用的诊断信息，它只会简单地尝试链接，然后提示不兼容。这种问题通常在一台计算机上为另一台计算机编译程序（交叉编译）时才会发生。

补充说明：链接器松弛

"跳转并链接"指令的 PC 相对地址字段有 20 位，因此一条指令能跳得很远。尽管编译器为每个外部函数的引用都生成两条指令，但很多时候只有一条是必需的。这种优化能同时节省时间和空间，因此链接器会扫描数趟代码，尽可能将两条指令替换为一条。由于每趟扫描都可能会缩短调用点和函数之间的距离，使该距离可在一条指令的立即数字段中容纳，所以链接器会不断优化代码，直到代码不再变化。该过程被称为链接器松弛（linker relaxation），其名源于求解方程组的松弛技术。除了过程调用，对于 gp±2 KiB 范围内的数据寻址，RISC-V 链接器也会使用全局指针进行松弛，从而消除一条 lui 或 auipc 指令。类似地，链接器也会对位于 tp±2 KiB 范围内的线程本地存储寻址进行松弛。

3.5 静态链接和动态链接

上一节介绍了静态链接（static linking），即在程序运行前链接并加载所有库的代码。这些库可能很大，因此把一个常用库链接到多个程序将浪费内存空间。此外，这些库在链接时与程序绑定，即使后来通过更新修复了库中的错误，静态链接的代码仍然使用有错误的老版本。

为解决这两个问题，许多系统使用动态链接（dynamic linking），此时，首次调用所需的外部函数时才会将其加载并链接到程序中；若不调用，则永远不会加载和链接。后续所有调用都使用快速链接（fast link），因此动态开销是一次性的。每当程序开始运行时，它就按需链接到当前版本的库函数，亦可链接到最新版本。此外，若多个程序使用同一个动态链接库，则库代码在内存中只有一份。

编译器生成的代码和静态链接的代码类似。不同的是，前者的跳转目标不是真实的函数，而是一个只有三条指令的桩函数（stub function）。桩函数会从内存中的全局偏移量表（Global Offset Table，GOT）读取真实函数的地址并跳转。但在首次调用时，GOT 中包含的并非真实函数的地址，而是动态链接例程的地址。调用该例程时，动态链接器通过符号表找到真实函数，将其复制到内存，并更新 GOT 中的地址，使其指向真实函数。后续每次调用的开销只有桩函数的三条指令。

架构师通常使用静态链接的基准程序来评价处理器性能，尽管大多数真实程序使用动态链接。他们认为，关心性能的用户应该使用静态链接，但这并不合理，因为加速真实程序显然比加速基准程序更有意义。

3.6 加载器

类似于图 3.10 所示的程序是保存在计算机存储设备中的可执行文件。当运行一个程序时，加载器会将其加载到内存中，并跳转到它的起始地址。如今的"加载器"就是操作系统；换句话说，加载 a.out 是操作系统的众多任务之一。

动态链接程序的加载稍显复杂。操作系统并不启动程序，而是先启动动态链接器。动态链接器将启动所需程序，之后负责处理所有的首次外部函数调用，将函数复制到内存，并在调用动态链接器后修改程序，使其指向正确的函数。

3.7　结语

> 保持简洁、直接。
>
> ——凯利·约翰逊（Kelly Johnson），提出"KISS
> 原则"的航空工程师，1960 年

易于编程/编译/链接

成本

性能

优雅

　　汇编器向简洁的 RISC-V ISA 增加了 60 条伪指令，在不增加硬件开销的同时令 RISC-V 代码更易于读/写。只需将一个 RISC-V 寄存器专门用作 0，即可实现上述许多有用的操作。装入高位立即数（lui）和 PC 加高位立即数（auipc）这两条指令简化了编译器和链接器调整外部数据与函数地址的工作，PC 相对分支指令让链接器更容易处理位置无关代码。

　　大量的寄存器减少了寄存器保存和恢复的次数，这样的调用约定加速了函数调用和返回。

　　RISC-V 提供一系列简单有效的机制，可降低成本、提高性能、易于编程。

3.8　扩展阅读

PATTERSON D A, HENNESSY J L. Computer organization and design risc-v edition second edition: The hardware software interface[M]. [S.l.]: Morgan Kaufmann, 2021.

TIS Committee. Tool interface standard (TIS) executable and linking format (ELF) specification version 1.2[J]. TIS Committee, 1995.

WATERMAN A, ASANOVIĆ K. The RISC-V instruction set manual, volume I: User-level ISA, version 2.2[M/OL]. RISC-V Foundation, 2017. https://riscv.org/specifications/.

第 4 章

RV32M：乘法和除法指令

若无必要，勿增实体。

——奥卡姆的威廉（William of Occam），约 1320 年

4.1   导言

奥卡姆的威廉（1287—
1347）是一位英国神学
家，他推广了所谓的"奥
卡姆剃刀"原理，表明科
学方法偏好简洁性。

RV32M 向 RV32I 添加整数乘法和除法指令。图 4.1 为
RV32M 扩展指令集的示意图，图 4.2 列出了它们的操作码。

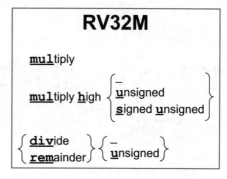

图 4.1   RV32M 指令示意图

31	25 24	20 19	15 14	12 11	7 6	0		
0000001	rs2	rs1	000	rd	0110011		R	mul
0000001	rs2	rs1	001	rd	0110011		R	mulh
0000001	rs2	rs1	010	rd	0110011		R	mulhsu
0000001	rs2	rs1	011	rd	0110011		R	mulhu
0000001	rs2	rs1	100	rd	0110011		R	div
0000001	rs2	rs1	101	rd	0110011		R	divu
0000001	rs2	rs1	110	rd	0110011		R	rem
0000001	rs2	rs1	111	rd	0110011		R	remu

图 4.2   RV32M 操作码表包含指令的布局、操作码、格式类型和名称
〔此图源于（Waterman et al. 2017）的表 19.2〕

除法很简单。回想一下：

$$商 = (被除数 - 余数) \div 除数$$

或

$$被除数 = 商 \times 除数 + 余数$$

$$余数 = 被除数 - (商 \times 除数)$$

RV32M 包含有符号整数除法指令（div）和无符号整数除法指令（divu），它们将商写入目的寄存器。但少数时候程序员需要余数而不是商，因此 RV32M 提供求有符号余数指令（rem）和求无符号余数指令（remu），它们将余数写入目的寄存器。

乘法式子看上去很简单：

$$积 = 被乘数 \times 乘数$$

但它实际比除法更复杂，因为积的位宽是被乘数和乘数两者的位宽之和：两个 32 位数相乘，结果为 64 位数。RISC-V 提供四条乘法指令来计算有符号和无符号的 64 位积。mul 指令用于获取积的低 32 位。要获取 64 位积的高 32 位，分三种情况：当两个操作数均为有符号数时，使用 mulh 指令；当两个操作数均为无符号数时，使用 mulhu 指令；当一个操作数为有符号数、另一个为无符号数时，使用 mulhsu 指令。使用一条指令将 64 位积写入两个 32 位寄存器会增加硬件复杂度，因此 RV32M 需要两条乘法指令才能得到完整的 64 位积。

整数除法在很多微处理器上都是相对耗时的操作。上文提到，可用右移操作代替除数为 2 的幂次的无符号除法。事实上，除数为常数的除法也能优化：先乘以一个近似的倒数，再校正积的高位部分。例如，图 4.3 中的代码展示了除数为 3 的无符号除法。

srl 可计算除数为 2^i 的无符号除法。例如，当 a2=16（2^4）时，srli t2, a1, 4 和 divu t2, a1, a2 的结果相同。

sll 可计算与 2^i 相乘的有符号或无符号乘法。例如，当 a2=16（2^4）时，slli t2, a1, 4 和 mul t2, a1, a2 的结果相同。

性能

在几乎所有处理器上，乘法的运算速度比移位和加法都慢，而除法的运算速度又比乘法慢得多。

```
# 用乘法计算无符号除法：a0 / 3
  0: aaaab2b7    lui    t0,0xaaaab  # t0 = 0xaaaaaaab
  4: aab28293    addi   t0,t0,-1365 #    = ~ 2^32 / 1.5
  8: 025535b3    mulhu  a1,a0,t0    # a1 = ~ (a0 / 1.5)
  c: 0015d593    srli   a1,a1,0x1   # a1 = (a0 / 3)
```

图 4.3 用乘法实现除数为常数的除法

证明该算法适用于所有被除数需要细致的数值分析，对于某些除数，校正步骤十分复杂。正确性证明以及生成倒数和校正步骤的算法可参考（Granlund et al. 1994）。

有何不同？ 长期以来，ARM-32 都只有乘法指令，而无除法指令。直到第一款 ARM 处理器诞生约 20 年后（2005 年），除法才成为必须实现的指令。MIPS-32 使用特殊寄存器（HI 和 LO）作为乘法和除法指令的唯一目的寄存器。虽然这种设计降低了早期 MIPS 处理器实现的复杂性，但使用乘除法结果需要额外的传送指令，这可能会降低性能。HI 和 LO 寄存器也增加了体系结构状态，略微降低了任务切换的速度。

补充说明：mulh 和 mulhu 可检查乘法溢出

若 mulhu 结果为零，则使用 mul 进行无符号乘法不会溢出。类似地，若 mulh 结果的所有位与 mul 结果的符号位相同，即后者为正时前者为 0，或后者为负时前者为 ffff ffff$_{hex}$，此时使用 mul 进行有符号乘法也不会溢出。

补充说明：检查除数是否为零也很简单

只需在除法前加入一条用于检查除数的 beqz 指令。RV32I 不会因为除数为零而自陷，因为只有极少数程序需要这种行为，即使需要也很容易用软件检查。当然，除以其他常数永远不需要检查。

补充说明：mulhsu 对多字有符号乘法很有用

当乘数为有符号数且被乘数为无符号数时，mulhsu 生成乘积的上半部分。它可作为计算多字有符号乘法的子步骤，用于将乘数的最高有效字（包含符号位）与被乘数的较低有效字（无符号）相乘。该指令将多字乘法的性能提升约 15%。

4.2　结语

> 最便宜、最快且最可靠的组件是那些不存在的组件。
>
> ——切斯特·戈登·贝尔（C. Gordon Bell），著名小型计算机架构师

成本

为了向嵌入式应用提供最小的 RISC-V 处理器，RISC-V 将乘除法指令归入首个可选扩展。不过，许多 RISC-V 处理器都会实现 RV32M。

4.3 扩展阅读

GRANLUND T, MONTGOMERY P L. Division by invariant inte-
  gers using multiplication[C]//ACM SIGPLAN Notices: volume 29.
  [S.l.]: ACM, 1994: 61-72.
WATERMAN A, ASANOVIĆ K. The RISC-V instruction set manual,
  volume I: User-level ISA, version 2.2[M/OL]. RISC-V Foundation,
  2017. `https://riscv.org/specifications/`.

第 5 章

RV32F 和 RV32D：
单精度和双精度浮点数

达成完美之时并非无所可增，而是无所可减。

——安托万·德·圣埃克絮佩里（Antoine de Saint-Exupéry），
《人的大地》，1939 年

5.1 导言

　　尽管 RV32F 和 RV32D 是独立的可选指令集扩展，但它们通常同时使用。为简洁起见，我们在本章中介绍几乎所有单精度和双精度（32 位和 64 位）浮点指令。图 5.1 为 RV32F 和 RV32D 扩展指令集的示意图。图 5.2 和图 5.3 分别列出了 RV32F 和 RV32D 的操作码。与几乎所有其他现代 ISA 一样，RISC-V 遵循 IEEE 754—2019 浮点标准（IEEE Standards Committee, 2019）。

安托万·德·圣埃克絮佩里（1900—1944）是法国作家和飞行员，以《小王子》一书而闻名。

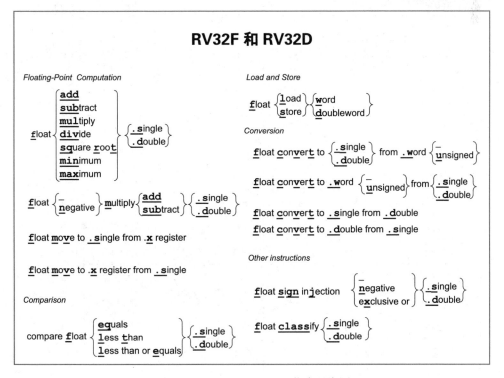

图 5.1　RV32F 和 RV32D 指令示意图

31	27 26 25 24	20	19	15	14 12	11	7 6	0		
imm[11:0]			rs1		010	rd		0000111	I	flw
imm[11:5]		rs2	rs1		010	imm[4:0]		0100111	S	fsw
rs3	00	rs2	rs1		rm	rd		1000011	R4	fmadd.s
rs3	00	rs2	rs1		rm	rd		1000111	R4	fmsub.s
rs3	00	rs2	rs1		rm	rd		1001011	R4	fnmsub.s
rs3	00	rs2	rs1		rm	rd		1001111	R4	fnmadd.s
0000000		rs2	rs1		rm	rd		1010011	R	fadd.s
0000100		rs2	rs1		rm	rd		1010011	R	fsub.s
0001000		rs2	rs1		rm	rd		1010011	R	fmul.s
0001100		rs2	rs1		rm	rd		1010011	R	fdiv.s
0101100		00000	rs1		rm	rd		1010011	R	fsqrt.s
0010000		rs2	rs1		000	rd		1010011	R	fsgnj.s
0010000		rs2	rs1		001	rd		1010011	R	fsgnjn.s
0010000		rs2	rs1		010	rd		1010011	R	fsgnjx.s
0010100		rs2	rs1		000	rd		1010011	R	fmin.s
0010100		rs2	rs1		001	rd		1010011	R	fmax.s
1100000		00000	rs1		rm	rd		1010011	R	fcvt.w.s
1100000		00001	rs1		rm	rd		1010011	R	fcvt.wu.s
1110000		00000	rs1		000	rd		1010011	R	fmv.x.w
1010000		rs2	rs1		010	rd		1010011	R	feq.s
1010000		rs2	rs1		001	rd		1010011	R	flt.s
1010000		rs2	rs1		000	rd		1010011	R	fle.s
1110000		00000	rs1		001	rd		1010011	R	fclass.s
1101000		00000	rs1		rm	rd		1010011	R	fcvt.s.w
1101000		00001	rs1		rm	rd		1010011	R	fcvt.s.wu
1111000		00000	rs1		000	rd		1010011	R	fmv.w.x

图 5.2　RV32F 操作码表包含指令的布局、操作码、格式类型和名称

此图与图 5.3 在编码上的主要区别是：前两条指令的第 12 位为 0，并且其余指令的第 25 位为 0，而在 RV32D 中这些位均为 1。〔此图源于（Waterman et al. 2017）的表 19.2〕

31　　　　27	26 25	24　　　20	19　　15	14　12	11　　7	6　　　0	
imm[11:0]			rs1	011	rd	0000111	I fld
imm[11:5]		rs2	rs1	011	imm[4:0]	0100111	S fsd
rs3	01	rs2	rs1	rm	rd	1000011	R4 fmadd.d
rs3	01	rs2	rs1	rm	rd	1000111	R4 fmsub.d
rs3	01	rs2	rs1	rm	rd	1001011	R4 fnmsub.d
rs3	01	rs2	rs1	rm	rd	1001111	R4 fnmadd.d
0000001		rs2	rs1	rm	rd	1010011	R fadd.d
0000101		rs2	rs1	rm	rd	1010011	R fsub.d
0001001		rs2	rs1	rm	rd	1010011	R fmul.d
0001101		rs2	rs1	rm	rd	1010011	R fdiv.d
0101101		00000	rs1	rm	rd	1010011	R fsqrt.d
0010001		rs2	rs1	000	rd	1010011	R fsgnj.d
0010001		rs2	rs1	001	rd	1010011	R fsgnjn.d
0010001		rs2	rs1	010	rd	1010011	R fsgnjx.d
0010101		rs2	rs1	000	rd	1010011	R fmin.d
0010101		rs2	rs1	001	rd	1010011	R fmax.d
0100000		00001	rs1	rm	rd	1010011	R fcvt.s.d
0100001		00000	rs1	rm	rd	1010011	R fcvt.d.s
1010001		rs2	rs1	010	rd	1010011	R feq.d
1010001		rs2	rs1	001	rd	1010011	R flt.d
1010001		rs2	rs1	000	rd	1010011	R fle.d
1110001		00000	rs1	001	rd	1010011	R fclass.d
1100001		00000	rs1	rm	rd	1010011	R fcvt.w.d
1100001		00001	rs1	rm	rd	1010011	R fcvt.wu.d
1101001		00000	rs1	rm	rd	1010011	R fcvt.d.w
1101001		00001	rs1	rm	rd	1010011	R fcvt.d.wu

图 5.3　RV32D 操作码表包含指令的布局、操作码、格式类型和名称

此图和图 5.2 中的部分指令不仅仅是数据位宽不同。`fcvt.s.d` 和 `fcvt.d.s` 指令仅在此图中，`fmv.x.w` 和 `fmv.w.x` 指令则仅在图 5.2 中。〔此图源于（Waterman et al. 2017）的表 19.2〕

5.2 浮点寄存器

性能

RV32F 和 RV32D 使用 32 个独立的 f 寄存器，而非 x 寄存器。使用两组寄存器的主要原因是：处理器能在不增加 RISC-V 指令格式中寄存器字段所占空间的情况下，将寄存器容量和带宽翻倍，从而提升处理器性能。这对指令集的主要影响是，必须分别添加用于在 f 寄存器与内存之间以及 f 寄存器与 x 寄存器之间传送数据的指令。图 5.4 列出了 RV32D 和 RV32F 的寄存器及其 RISC-V ABI 名称。

63	32	31	0	
		f0 / ft0		浮点临时寄存器
		f1 / ft1		浮点临时寄存器
		f2 / ft2		浮点临时寄存器
		f3 / ft3		浮点临时寄存器
		f4 / ft4		浮点临时寄存器
		f5 / ft5		浮点临时寄存器
		f6 / ft6		浮点临时寄存器
		f7 / ft7		浮点临时寄存器
		f8 / fs0		浮点保存寄存器
		f9 / fs1		浮点保存寄存器
		f10 / fa0		浮点函数参数，返回值
		f11 / fa1		浮点函数参数，返回值
		f12 / fa2		浮点函数参数
		f13 / fa3		浮点函数参数
		f14 / fa4		浮点函数参数
		f15 / fa5		浮点函数参数
		f16 / fa6		浮点函数参数
		f17 / fa7		浮点函数参数
		f18 / fs2		浮点保存寄存器
		f19 / fs3		浮点保存寄存器
		f20 / fs4		浮点保存寄存器
		f21 / fs5		浮点保存寄存器
		f22 / fs6		浮点保存寄存器
		f23 / fs7		浮点保存寄存器
		f24 / fs8		浮点保存寄存器
		f25 / fs9		浮点保存寄存器
		f26 / fs10		浮点保存寄存器
		f27 / fs11		浮点保存寄存器
		f28 / ft8		浮点临时寄存器
		f29 / ft9		浮点临时寄存器
		f30 / ft10		浮点临时寄存器
		f31 / ft11		浮点临时寄存器
	32		32	

图 5.4 RV32F 和 RV32D 的浮点寄存器

单精度寄存器占 32 个双精度寄存器的右半部分。第 3 章介绍了 RISC-V 对浮点寄存器的调用约定，以及浮点参数寄存器（fa0~fa7）、浮点保存寄存器（fs0~fs11）和浮点临时寄存器（ft0~ft11）背后的分类依据。〔此图源于（Waterman et al. 2017）的表 20.1〕

若处理器同时支持 RV32F 和 RV32D，则单精度数据仅使用 f 寄存器的低 32 位。与 RV32I 的 x0 不同，寄存器 f0 并非硬连线为 0，而是像所有其他 31 个 f 寄存器一样可写。

IEEE 754—2019 标准提供数种浮点算术舍入模式，有助于确定误差范围和开发数值计算库。最准确且最常见的是向最近偶数舍入（RNE）。舍入模式可在浮点控制状态寄存器 fcsr 中设置。图 5.5 展示了 fcsr 及其舍入选项，还包含计算产生的标准异常标志。

图 5.5 浮点控制状态寄存器

浮点控制状态寄存器用于存放舍入模式和异常标志。舍入模式包括向最近偶数舍入（rte, frm 为 000）、向零舍入（rtz, 001）、向 −∞（下）舍入（rdn, 010）、向 +∞（上）舍入（rup, 011），以及向最大尾数舍入（rmm, 100）。五个计算产生的异常标志记录了自上次软件重置该字段以来任意浮点算术指令抛出的异常：NV 表示非法操作，DZ 表示除以零，OF 表示上溢，UF 表示下溢，NX 表示结果不精确。〔此图源于（Waterman et al. 2017）的图 8.2〕

有何不同？ ARM-32 和 MIPS-32 都有 32 个单精度浮点寄存器，但都只有 16 个双精度寄存器。它们都将两个单精度寄存器映射到双精度寄存器的左右两半。x86-32 浮点算术运算使用的不是寄存器，而是栈。为提高精度，栈中每项位宽为 80 位，故取数时会将 32 位或 64 位浮点数转换为 80 位，存数时反之。x86-32 的后续版本添加了 8 个传统的 64 位浮点寄存器及相关指令（8.9 节记录了至今为止，x86 对浮点指令的两次增强，每次都将寄存器的位宽和数量翻倍）。与 RV32FD 和 MIPS-32 不同，ARM-32 和 x86-32 不支持在浮点寄存器和整数寄存器之间直接传送数据的指令。为实现该功能，唯一的方法是先将浮点寄存器的内容写入内存，再将其从内存取到整数寄存器，反之亦然。

只有 **16 个双精度寄存器是 MIPS 在 ISA 设计中犯过的最痛苦的错误**，此言出自 MIPS 架构师之一 John Mashey。

补充说明：RV32FD 允许逐条指令设置舍入模式

此方式被称为静态舍入，可在只需更改一条指令的舍入模式时提升性能。默认使用 `fcsr` 中的动态舍入模式。静态舍入可通过指令的最后一个参数指定，如 `fadd.s ft0, ft1, ft2, rtz` 将向零舍入，与 `fcsr` 无关。图 5.5 的图注列出了各种舍入模式的名称。

5.3　浮点取数、存数和算术运算

单精度数据传送指令使用 "w" 而不是 "s"，因为传送的是 32 位数据。

不同于整数算术运算，浮点乘法的乘积位宽与其操作数相同。此外，RV32F 和 RV32D 不包含浮点求余指令。

性能

对于 RV32F 和 RV32D，RISC-V 有两条取数指令（`flw`、`fld`）和两条存数指令（`fsw`、`fsd`），其寻址模式和指令格式分别与 `lw` 和 `sw` 相同。

除四则运算指令（`fadd.s`、`fadd.d`、`fsub.s`、`fsub.d`、`fmul.s`、`fmul.d`、`fdiv.s`、`fdiv.d`）外，RV32F 和 RV32D 还包括求平方根指令（`fsqrt.s`、`fsqrt.d`），以及取最小值和取最大值的指令（`fmin.s`、`fmin.d`、`fmax.s`、`fmax.d`），后者在不使用分支指令的情况下，将一对源操作数的较小值或较大值写入目的寄存器。

许多浮点算法（如矩阵乘法）在执行乘法后会立即执行一次加法或减法。因此，RISC-V 提供如下指令：首先将两个操作数相乘，然后将乘积加上（`fmadd.s`、`fmadd.d`）或减去（`fmsub.s`、`fmsub.d`）第三个操作数，最后将结果写入目的寄存器。还有在加上或减去第三个操作数前对乘积取负的指令：`fnmadd.s`、`fnmadd.d`、`fnmsub.s`、`fnmsub.d`。IEEE 754—2019 标准要求实现这些融合乘加指令以提升精度：它们只在加法后舍入一次，而不是两次（首先在乘法后，然后在加法后）。当乘积和加数的量级相近而符号相反时，跳过中间的舍入会导致减法抵消大部分尾数位，使最终结果区别很大。这些指令需要一种新的指令格式 R4 来指定 4 个寄存器。图 5.2 和 5.3 展示了 R4 格式，它是 R 格式的变种。

RV32F 和 RV32D 不提供浮点分支指令，但提供浮点比较指令，可根据两个浮点寄存器的比较结果将一个整数寄存器设为 1 或 0。比较操作包括相等（`feq.s`、`feq.d`）、小于（`flt.s`、

flt.d）和小于或等于（fle.s、fle.d）。整数分支指令可根
据这些指令的浮点数比较结果进行跳转。例如，以下代码在
f1 < f2 时跳转到 Exit：

```
flt x5, f1, f2  # 若 f1 < f2，则 x5 = 1；否则 x5 = 0
bne x5, x0, Exit # 若 x5 != 0，则跳转到 Exit
```

5.4 浮点转换和数据传送

RV32F 和 RV32D 提供转换指令，支持 32 位有符号整数、
32 位无符号整数、32 位浮点数和 64 位浮点数之间所有有意义
组合的转换。图 5.6 按源数据类型以及转换后的目标数据类型
列出这 10 条指令。

目标数据类型	源数据类型			
	32 位有符号 整数 (w)	32 位无符号 整数 (wu)	32 位 浮点数 (s)	64 位 浮点数 (d)
32 位有符号整数 (w)	–	–	fcvt.w.s	fcvt.w.d
32 位无符号整数 (wu)	–	–	fcvt.wu.s	fcvt.wu.d
32 位浮点数 (s)	fcvt.s.w	fcvt.s.wu	–	fcvt.s.d
64 位浮点数 (d)	fcvt.d.w	fcvt.d.wu	fcvt.d.s	–

图 5.6 RV32F 和 RV32D 的转换指令

每列表示一种源数据类型，每行表示一种目标数据类型。

RV32F 还提供将数据从 f 寄存器传送到 x 寄存器的指令
（fmv.x.w），以及方向相反的指令（fmv.w.x）。

5.5 其他浮点指令

RV32F 和 RV32D 提供一些特殊指令，有助于开发数学库，
同时可提供有用的伪指令（IEEE 754 浮点标准要求实现一种
复制并操作符号位的方法，以及对浮点数据分类的方法，这启
发我们添加这些指令）。

第一种是符号注入指令，它们复制第一个源寄存器中除符
号位以外的所有内容。符号位的取值取决于具体的指令。

1. 浮点符号注入（fsgnj.s、fsgnj.d）：结果的符号位为 rs2 的符号位。
2. 浮点符号取反注入（fsgnjn.s、fsgnjn.d）：结果的符号位与 rs2 的符号位相反。
3. 浮点符号异或注入（fsgnjx.s、fsgnjx.d）：结果的符号位是 rs1 和 rs2 的符号位的异或。

易于编程/编译/链接

除了有助于数学库的符号操作，符号注入指令还提供了三种常用的浮点伪指令（见第 43 页图 3.4）。

1. 复制浮点寄存器：

   fmv.s rd,rs 展开为 fsgnj.s rd,rs,rs

   fmv.d rd,rs 展开为 fsgnj.d rd,rs,rs
2. 取相反数：

   fneg.s rd,rs 展开为 fsgnjn.s rd,rs,rs

   fneg.d rd,rs 展开为 fsgnjn.d rd,rs,rs
3. 取绝对值（因为 $0 \oplus 0 = 0$ 且 $1 \oplus 1 = 0$）：

   fabs.s rd,rs 展开为 fsgnjx.s rd,rs,rs

   fabs.d rd,rs 展开为 fsgnjx.d rd,rs,rs

第二种特殊浮点指令是分类指令（fclass.s、fclass.d）。分类指令对数学库也很有帮助。它们检查一个源操作数满足下列 10 种浮点数属性的何种（见下表），并将结果的掩码写入目的整数寄存器的低 10 位。10 位中仅有一位被置 1，其余位均为 0。

$x[rd]$ 位	含义
0	f[rs1] 为 $-\infty$
1	f[rs1] 为规格化负数
2	f[rs1] 为非规格化负数
3	f[rs1] 为 -0
4	f[rs1] 为 $+0$
5	f[rs1] 为非规格化正数
6	f[rs1] 为规格化正数
7	f[rs1] 为 $+\infty$
8	f[rs1] 为发信号（signaling）NaN
9	f[rs1] 为不发信号（quiet）NaN

5.6　通过 DAXPY 程序对比 RV32FD、ARM-32、MIPS-32 和 x86-32

我们将 DAXPY 作为基准程序（见图 5.7）全面比较不同的 ISA。它在双精度下计算 $Y = a \times X + Y$，其中 X 和 Y 是向量，a 是标量。图 5.8 总结了四款 ISA 的 DAXPY 程序的指令数和字节数。其代码分别如图 5.9 至图 5.12 所示。

DAXPY 这个名字来自公式本身：以双精度计算 A 乘 X 加 Y (Double-precision A times X Plus Y)。其单精度版本被称为 SAXPY。

简洁

```
void daxpy(size_t n,double a,const double x[],double y[])
{
  for (size_t i = 0; i < n; i++) {
    y[i] = a*x[i] + y[i];
  }
}
```

图 5.7　用 C 编写的浮点密集型程序 DAXPY

ISA	ARM-32	ARM Thumb-2	MIPS-32	microMIPS	x86-32	RV32FD	RV32FD+RV32C
指令数	10	10	12	12	16	11	11
每循环指令数	6	6	7	7	6	7	7
字节数	40	28	48	32	50	44	28

图 5.8　DAXPY 在四款 ISA 上生成的指令数和代码大小

图中列出了每个循环的指令数以及指令总数。第 7 章将介绍 ARM Thumb-2、microMIPS 和 RV32C。

与第 2 章的插入排序一样，尽管 RISC-V 强调简洁性，但 RISC-V 版本的程序再次达到指令数相同或更少的结果，同时这些架构的代码大小十分相近。本例中，RISC-V 采用比较–执行分支指令所节省的指令数，与 ARM-32 和 x86-32 采用复杂寻址模式以及压栈/弹栈指令所节省的指令数相当。

性能

```
# RV32FD（循环内 7 条指令；共 11 条指令/44 字节；带 RVC 则 28 字节）
# a0 是变量 n, a1 指向 x[0], a2 指向 y[0], fa0 是变量 a
   0: 02050463 beqz      a0,28              # 若 n == 0，则跳转到 Exit
   4: 00351513 slli      a0,a0,0x3          # a0 = n*8
   8: 00a60533 add       a0,a2,a0           # a0 = y[n]（最后一个元素）的地址
Loop:
   c: 0005b787 fld       fa5,0(a1)          # fa5 = x[]
  10: 00063707 fld       fa4,0(a2)          # fa4 = y[]
  14: 00860613 addi      a2,a2,8            # a2++（递增指向 y 的指针）
  18: 00858593 addi      a1,a1,8            # a1++（递增指向 x 的指针）
  1c: 72a7f7c3 fmadd.d   fa5,fa5,fa0,fa4    # fa5 = a*x[i] + y[i]
  20: fef63c27 fsd       fa5,-8(a2)         # y[i] = a*x[i] + y[i]
  24: fea614e3 bne       a2,a0,c            # 若 i != n, 则跳转到 Loop
Exit:
  28: 00008067           ret                # 函数返回
```

图 5.9　图 5.7 中 DAXPY 的 RV32D 代码

从左到右依次是十六进制地址、十六进制机器语言代码、汇编语言指令和注释。比较–分支指令节省了 ARM-32 和 x86-32 代码中的两条比较指令。

```
# ARM-32（循环内 6 条指令；共 10 条指令/40 字节；带 Thumb-2 则 28 字节）
# r0 是变量 n, d0 是变量 a, r1 指向 x[0], r2 指向 y[0]
   0: e3500000 cmp       r0, #0                 # 比较 n 和 0
   4: 0a000006 beq       24 <daxpy+0x24>        # 若 n == 0，则跳转到 Exit
   8: e0820180 add       r0, r2, r0, lsl #3     # r0 = y[n]（最后一个元素）的地址
Loop:
   c: ecb16b02 vldmia    r1!,{d6}               # d6 = x[i]，递增指向 x 的指针
  10: ed927b00 vldr      d7,[r2]                # d7 = y[i]
  14: ee067b00 vmla.f64  d7, d6, d0             # d7 = a*x[i] + y[i]
  18: eca27b02 vstmia    r2!, {d7}              # y[i] = a*x[i] + y[i]，递增指向 y 的指针
  1c: e1520000 cmp       r2, r0                 # 比较 i 和 n
  20: 1afffff9 bne       c <daxpy+0xc>          # 若 i != n, 则跳转到 Loop
Exit:
  24: e12fff1e bx        lr                     # 函数返回
```

图 5.10　图 5.7 中 DAXPY 的 ARM-32 代码

与 RISC-V 相比，ARM-32 的自动增量寻址模式节省了两条指令。与插入排序不同，ARM-32 版本的 DAXPY 无须对寄存器进行压栈和弹栈。

```
# MIPS-32（循环内 7 条指令；共 12 条指令/48 字节；带 microMIPS 则 32 字节）
# a0 是变量 n，a1 指向 x[0]，a2 指向 y[0]，f12 是变量 a
  0: 10800009 beqz   a0,28 <daxpy+0x28>   # 若 n == 0，则跳转到 Exit
  4: 000420c0 sll    a0,a0,0x3            # a0 = n*8（分支延迟槽已填充）
  8: 00c42021 addu   a0,a2,a0             # a0 = y[n]（最后一个元素）的地址
Loop:
  c: 24c60008 addiu  a2,a2,8              # a2++（递增指向 y 的指针）
 10: d4a00000 ldc1   $f0,0(a1)            # f0 = x[i]
 14: 24a50008 addiu  a1,a1,8              # a1++（递增指向 x 的指针）
 18: d4c2fff8 ldc1   $f2,-8(a2)           # f2 = y[i]
 1c: 4c406021 madd.d $f0,$f2,$f12,$f0     # f0 = a*x[i] + y[i]
 20: 14c4fffa bne    a2,a0,c <daxpy+0xc>  # 若 i != n，则跳转到 Loop
 24: f4c0fff8 sdc1   $f0,-8(a2)           # y[i] = a*x[i] + y[i]（分支延迟槽已填充）
Exit:
 28: 03e00008 jr     ra                   # 函数返回
 2c: 00000000 nop                         # （分支延迟槽未填充）
```

图 5.11　图 5.7 中 DAXPY 的 MIPS-32 代码

三个分支延迟槽中的两个填充了有用的指令。比较两个寄存器是否相等的指令节省了 ARM-32 和 x86-32 中的两条比较指令。与整数取数不同，浮点取数没有延迟槽。

```
# x86-32（循环内 6 条指令；共 16 条指令/50 字节）
# eax 是变量 i，变量 n 位于内存地址 esp+0x8，变量 a 位于内存地址 esp+0xc
# 指向 x[0] 的指针位于内存地址 esp+0x14
# 指向 y[0] 的指针位于内存地址 esp+0x18
  0: 53             push          ebx                      # 保存 ebx
  1: 8b 4c 24 08    mov           ecx,[esp+0x8]            # ecx 为 n 的副本
  5: c5 fb 10 4c 24 0c vmovsd     xmm1,[esp+0xc]           # xmm1 为 a 的副本
  b: 8b 5c 24 14    mov           ebx,[esp+0x14]           # ebx 指向 x[0]
  f: 8b 54 24 18    mov           edx,[esp+0x18]           # edx 指向 y[0]
 13: 85 c9          test          ecx,ecx                  # 比较 n 和 0
 15: 74 19          je            30 <daxpy+0x30>          # 若 n==0，则跳转到 Exit
 17: 31 c0          xor           eax,eax                  # i = 0（因为 x^x==0）
Loop:
 19: c5 fb 10 04 c3 vmovsd        xmm0,[ebx+eax*8]         # xmm0 = x[i]
 1e: c4 e2 f1 a9 04 c2 vfmadd213sd xmm0,xmm1,[edx+eax*8]   # xmm0 = a*x[i] + y[i]
 24: c5 fb 11 04 c2 vmovsd        xmm0,xmm1,[edx+eax*8]    # y[i] = a*x[i] + y[i]
 29: 83 c0 01       add           eax,0x1                  # i++
 2c: 39 c1          cmp           ecx,eax                  # 比较 i 和 n
 2e: 75 e9          jne           19 <daxpy+0x19>          # 若 i!=n，则跳转到 Loop
Exit:
 30: 5b             pop           ebx                      # 恢复 ebx
 31: c3             ret                                    # 函数返回
```

图 5.12　图 5.7 中 DAXPY 的 x86-32 代码

本例中，x86-32 缺少寄存器的劣势很明显——四个变量被分配在内存，而其他 ISA 将其分配在寄存器。此外，本例也展示了 x86-32 中将寄存器与零比较（test ecx,ecx）以及将一个寄存器清零（xor eax,eax）的惯用方法。

5.7　结语

少即是多。

——罗伯特·勃朗宁（Robert Browning），1855
年。20 世纪 80 年代，极简主义建筑学派把这句诗作为
公理。

IEEE 754—2019 浮点标准（IEEE Standards Committee,
2019）定义了浮点数据类型、计算精度和要求实现的操作。它
的成功大幅降低了移植浮点程序的难度，这也意味着与其他章
节介绍的 ISA 相比，不同的浮点 ISA 可能更一致。

补充说明：IEEE 754 浮点算术的修订

修订后的 IEEE 浮点标准（IEEE 754—2008）（IEEE Standards Committee, 2008）除单精度和双精度外，还描述了若干
新格式，称为 *binary32* 和 *binary64*。不出意料，标准还新增
四倍精度，名为 *binary128*。RISC-V 用 RV32Q 扩展来支持它
（见第 11 章）。标准还为二进制数据交换提供两种新位宽，程序
员可将数据以这些位宽存储在内存或外存中，但不能以这些位
宽进行计算。它们分别是半精度（*binary16*）和八倍精度（*binary256*）。尽管考虑到上述标准的意图，GPU 确实以半精度进
行计算，并且也将半精度数据存放在内存中。RISC-V 计划在
向量指令（第 8 章的 RV32V）中支持半精度，但前提是处理器
若支持半精度向量指令，则也要支持半精度标量指令。令人惊
讶的是，修订后的标准还添加了十进制浮点数，RISC-V 暂时
预留 RV32L 来支持它（见第 11 章）。新增的三种十进制格式
见名知意，分别是 *decimal32*、*decimal64* 和 *decimal128*。2019
年 7 月发布的 IEEE 754—2019 是 IEEE 754—2008 的小型修
订版，主要包含若干澄清说明、错误修订和新的推荐操作。

5.8　扩展阅读

IEEE Standards Committee. 754-2008 IEEE standard for floating-point arithmetic[J]. IEEE Computer Society Std, 2008.

IEEE Standards Committee. 754-2019 IEEE standard for floating-point arithmetic[J]. IEEE Computer Society Std, 2019.

WATERMAN A, ASANOVIĆ K. The RISC-V instruction set manual, volume I: User-level ISA, version 2.2[M/OL]. RISC-V Foundation, 2017. `https://riscv.org/specifications/`.

第 6 章

RV32A：原子指令

一切事物都应该尽量简单，但不能过分简单。

——阿尔伯特·爱因斯坦（Albert Einstein），1933 年

6.1 导言

我们假定你已经理解 ISA 对多处理技术的支持，所以这里只阐述 RV32A 指令及其行为。如果你觉得需要补充一些背景知识，则可参考英文维基百科上的 "synchronization (computer science)" 词条（"链接 1"）或我们编写的 RISC-V 体系结构相关书籍（Patterson et al. 2021）的 2.1 节。

RV32A 用于同步的原子操作有两种：

- 原子内存操作（Atomic Memory Operation，AMO）。
- 预订取数/条件存数（load reserved / store conditional）。

图 6.1 为 RV32A 扩展指令集的示意图，图 6.2 列出了它们的操作码和指令格式。

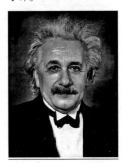

阿尔伯特·爱因斯坦（1879—1955），20 世纪最著名的科学家。他提出了相对论，在第二次世界大战中提倡制造原子弹。

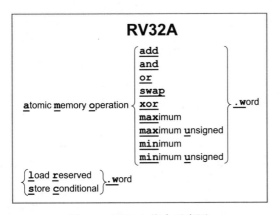

图 6.1 RV32A 指令示意图

AMO 指令对内存中的操作数执行一次原子操作，并将原内存值写入目的寄存器。"原子"表示内存读/写之间既不会发生中断，也不会被其他处理器修改内存值。

预订取数/条件存数为两者之间的操作提供原子性。预订取数读出一个内存字，写入目的寄存器，并记录该内存字的预订信息。条件存数往源寄存器中的地址写入一个字，前提是该目标地址被预订。若写入成功，则向目的寄存器写入 0；否则，向其写入一个非 0 的错误码。

AMO 和 LR/SC 指令要求内存地址对齐，因为硬件维护跨缓存行边界的原子性需要巨大开销。

31			25 24	20 19	15 14	12 11	7 6	0		
00010	aq	rl	00000	rs1	010	rd	0101111	R	lr.w
00011	aq	rl	rs2	rs1	010	rd	0101111	R	sc.w
00001	aq	rl	rs2	rs1	010	rd	0101111	R	amoswap.w
00000	aq	rl	rs2	rs1	010	rd	0101111	R	amoadd.w
00100	aq	rl	rs2	rs1	010	rd	0101111	R	amoxor.w
01100	aq	rl	rs2	rs1	010	rd	0101111	R	amoand.w
01000	aq	rl	rs2	rs1	010	rd	0101111	R	amoor.w
10000	aq	rl	rs2	rs1	010	rd	0101111	R	amomin.w
10100	aq	rl	rs2	rs1	010	rd	0101111	R	amomax.w
11000	aq	rl	rs2	rs1	010	rd	0101111	R	amominu.w
11100	aq	rl	rs2	rs1	010	rd	0101111	R	amomaxu.w

图 6.2　RV32A 操作码表包含指令的布局、操作码、格式类型和名称

〔此图源于（Waterman et al. 2017）的表 19.2〕

为何 RV32A 要提供两种原子操作？答案是，有两种区别很大的使用场景。

编程语言开发者假定底层的体系结构提供原子的比较－交换操作：比较某寄存器的值与用另一个寄存器寻址的内存值，若相等，则将第 3 个寄存器的值与内存值交换。这是一种通用的同步原语，基于它能实现其他任意单字同步操作（Herlihy，1991）。

简洁

尽管看起来十分有必要在 ISA 中加入该指令，但它需要 3 个源寄存器。将源操作数从 2 个增加到 3 个，会使内存系统接口、整数数据通路和控制通路，以及指令格式都变得复杂（RV32FD 的乘加指令也有 3 个源操作数，但它只影响浮点数据通路，而不影响整数数据通路）。幸好预订取数和条件存数只需要两个源寄存器，可用它们实现原子的比较－交换（见图 6.3 的上半部分）。

性能

在预订取数/条件存数指令之外，RV32A 还提供了 AMO 指令，是因为后者在大型多处理器系统中可扩展性更佳，亦可高效实现归约操作。AMO 指令在与 I/O 设备通信时也很有用，可在单次原子总线事务中进行一次读操作和写操作。这种原子性可简化设备驱动并提升 I/O 性能。图 6.3 的下半部分展示了如何使用原子交换实现临界区。

```
# 用 lr/sc 对内存字 M[a0] 进行比较-交换操作
# 期望的旧值在 a1 中；期望的新值在 a2 中
  0: 100526af    lr.w   a3,(a0)      # 取出旧值
  4: 06b69e63    bne    a3,a1,80     # 旧值是否等于 a1
  8: 18c526af    sc.w   a3,a2,(a0)   # 若相等，则换入新值
  c: fe069ae3    bnez   a3,0         # 若存入失败，则重试
      ... 此处为比较-交换成功后的代码 ...
 80:                                 # 比较-交换失败


# 用 AMO 实现测试-置位的自旋锁，用于保护临界区
  0: 00100293    li           t0,1       # 初始化锁值
  4: 0c55232f    amoswap.w.aq t1,t0,(a0) # 尝试获取锁
  8: fe031ee3    bnez         t1,4       # 若失败，则重试
      ... 此处为临界区代码 ...
 20: 0a05202f    amoswap.w.rl x0,x0,(a0) # 释放锁
```

图 6.3　两个同步示例

第一个使用预订取数/条件存数 lr.w、sc.w 实现比较-交换操作；第二个使用原子交换 amoswap.w 实现互斥。

补充说明：内存一致性模型

RISC-V 采用宽松内存一致性模型，因此其他线程可能看到乱序的内存访问。图 6.2 中的所有 RV32A 指令都有一个获取位（aq）和一个释放位（rl）。若原子指令的 aq 位为 1，则保证其他线程看到的原子操作和在其之后的访存操作顺序一致；若原子指令的 rl 位为 1，则保证其他线程看到的原子操作和在其之前的访存操作顺序一致。更多细节请参见（Adve et al. 1996）这份优秀的教程。

有何不同？最初的 MIPS-32 没有同步机制，架构师在后续一版 MIPS ISA 中加入了预订取数/条件存数指令。

6.2　结语

RV32A 是可选的，一个不支持它的 RISC-V 处理器会更简单。然而，正如爱因斯坦所言，一切事物都应该尽量简单，但不能过分简单。RV32A 正是如此，许多场景都离不开它。

6.3 扩展阅读

ADVE S V, GHARACHORLOO K. Shared memory consistency models: A tutorial[J]. Computer, 1996, 29(12): 66-76.

HERLIHY M. Wait-free synchronization[J]. ACM Transactions on Programming Languages and Systems, 1991.

PATTERSON D A, HENNESSY J L. Computer organization and design risc-v edition second edition: The hardware software interface[M]. [S.l.]: Morgan Kaufmann, 2021.

WATERMAN A, ASANOVIĆ K. The RISC-V instruction set manual, volume I: User-level ISA, version 2.2[M/OL]. RISC-V Foundation, 2017. https://riscv.org/specifications/.

第 7 章

RV32C：压缩指令

小即是美。

——恩斯特·弗里德里希·舒马赫（E. F. Schumacher），1973 年

7.1　导言

恩斯特·弗里德里希·舒马赫（1911—1977）撰写了一本经济学著作，提倡人性化和去中心化的适用技术[1]。这本书被翻译成多种语言，是第二次世界大战以来最具影响力的 100 本书之一。

代码大小

简洁

以前的 ISA 为缩减代码大小而添加很多指令和指令格式，例如，添加一些只有两个操作数的指令（而非三个），以及一些立即数字段很短的指令等。为缩减代码大小，ARM 和 MIPS 分别对 ISA 重新设计了两遍：ARM 设计了 ARM Thumb 和 Thumb-2，MIPS 则设计了 MIPS16 和 microMIPS。这些新 ISA 给处理器和编译器带来额外的设计开销，同时还增加了汇编语言程序员的认知负担。

RV32C 采用一种新方法：每条短指令都必须对应一条标准的 32 位 RISC-V 指令。此外，16 位指令仅对汇编器和链接器可见，并由它们决定是否将标准指令替换为相应的短指令。编译器开发者和汇编语言程序员无须关心 RV32C 指令及其格式，他们只需知道最终得到的程序比大部分情况下更小即可。图 7.1 为 RV32C 扩展指令集的示意图。

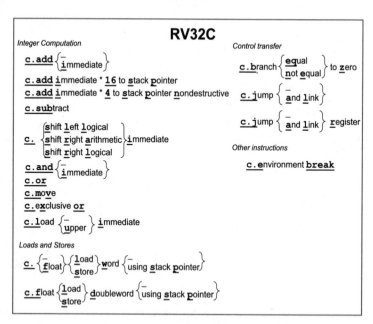

图 7.1　RV32C 指令示意图

对于立即数字段，移位指令和 `c.addi4spn` 采用零扩展，其他指令则采用符号扩展。

---

[1]译者注：适用技术指一些小规模、劳动密集、高能效、环境友好和本地控制的技术。

　　为在一系列程序上获得不错的代码压缩率，RISC-V 架构师根据以下三点观察选出 RVC 扩展的 16 位指令。首先，访问其中 10 个寄存器（a0~a5、s0、s1、sp 和 ra）的频率远高于访问其他寄存器的频率；其次，很多指令会覆写其中一个源操作数；最后，立即数往往很小，且有些指令经常与特定立即数搭配使用。相应地，很多 RV32C 指令只能访问那些访问频率高的寄存器；一些指令隐式地覆写其中一个源操作数；几乎所有立即数的长度都缩减了，其中访存指令的偏移量仅支持访存数据位宽的正整数倍。

　　图 7.2 和图 7.3 列出了插入排序和 DAXPY 的 RV32C 代码。此处我们通过 RV32 指令呈现压缩的效果，但通常这些指令对汇编语言程序透明。注释中的括号标出与该 RV32C 指令对应的 32 位指令。附录 A 列出了每条 16 位 RV32C 指令所对应的 32 位 RISC-V 指令。

　　例如，在图 7.2 所示的插入排序程序中，汇编器将地址为 4 的如下 32 位 RV32I 指令：

```
addi a4,x0,1  # i = 1
```

替换为如下 16 位 RV32C 指令：

```
c.li a4,1     # （展开为 addi a4,x0,1）i = 1
```

　　RV32C 的装入立即数指令比 32 位指令更短，因为它仅能指定一个寄存器和一个小立即数。如图 7.2 所示，c.li 的机器码只有 4 位十六进制数，表明 c.li 指令确实只有 2 字节长。

　　又如，汇编器将图 7.2 中地址为 10 的

```
add a2,x0,a3 # a2 指向 a[j]
```

替换为如下 16 位 RV32C 指令：

```
c.mv a2,a3  # （展开为 add a2,x0,a3）a2 指向 a[j]
```

　　RV32C 的数据传送指令长度只有 16 位，因为它仅指定两个寄存器。

```
# RV32C (19 条指令, 52 字节)
# a1 是变量 n, a3 指向 a[0], a4 是变量 i, a5 是变量 j, a6 是变量 x
   0: 00450693 addi   a3,a0,4   # a3 指向 a[i]
   4: 4705     c.li   a4,1      # (展开为 addi a4,x0,1) i = 1
Outer Loop:
   6: 00b76363 bltu   a4,a1,c   # 若 i < n, 则跳转到 Continue Outer loop
   a: 8082     c.ret            # (展开为 jalr x0,ra,0) 函数返回
Continue Outer Loop:
   c: 0006a803 lw     a6,0(a3)  # x = a[i]
  10: 8636     c.mv   a2,a3     # (展开为 add a2,x0,a3) a2 指向 a[j]
  12: 87ba     c.mv   a5,a4     # (展开为 add a5,x0,a4) j = i
InnerLoop:
  14: ffc62883 lw     a7,-4(a2) # a7 = a[j-1]
  18: 01185763 ble    a7,a6,26  # 若 a[j-1] <= a[i], 则跳转到 Exit InnerLoop
  1c: 01162023 sw     a7,0(a2)  # a[j] = a[j-1]
  20: 17fd     c.addi a5,-1     # (展开为 addi a5,a5,-1) j--
  22: 1671     c.addi a2,-4     # (展开为 addi a2,a2,-4) 递减 a2 后指向 a[j]
  24: fbe5     c.bnez a5,14     # (展开为 bne a5,x0,14) 若 j!=0, 则跳转到 InnerLoop
Exit InnerLoop:
  26: 078a     c.slli a5,0x2    # (展开为 slli a5,a5,0x2) 把 a5 乘以 4
  28: 97aa     c.add  a5,a0     # (展开为 add a5,a5,a0) a5 = a[j] 的地址
  2a: 0107a023 sw     a6,0(a5)  # a[j] = x
  2e: 0705     c.addi a4,1      # (展开为 addi a4,a4,1) i++
  30: 0691     c.addi a3,4      # (展开为 addi a3,a3,4) 递增 a3 后指向 a[i]
  32: bfd1     c.j    6         # (展开为 jal x0,6) 跳转到 Outer Loop
```

图 7.2　插入排序的 RV32C 代码

12 条 16 位指令使代码大小缩减 32%。每条指令的位宽见第二列的十六进制字符数量。本例中显式出现的 RV32C 指令（以 c. 开头），通常对汇编语言程序员和编译器不可见。

```
# RV32DC (11 条指令, 28 字节)
# a0 是变量 n, a1 指向 x[0], a2 指向 y[0], fa0 是变量 a
   0: cd09     c.beqz a0,1a       # (展开为 beq a0,x0,1a) 若 n == 0, 则跳转到 Exit
   2: 050e     c.slli a0,a0,0x3   # (展开为 slli a0,a0,0x3) a0 = n*8
   4: 9532     c.add  a0,a2       # (展开为 add a0,a0,a2) a0 = y[n] 的地址
Loop:
   6: 2218     c.fld  fa4,0(a2)   # (展开为 fld fa4,0(a2)) fa5 = x[]
   8: 219c     c.fld  fa5,0(a1)   # (展开为 fld fa5,0(a1)) fa4 = y[]
   a: 0621     c.addi a2,8        # (展开为 addi a2,a2,8) a2++ (递增指向 y 的指针)
   c: 05a1     c.addi a1,8        # (展开为 addi a1,a1,8) a1++ (递增指向 x 的指针)
   e: 72a7f7c3 fmadd.d fa5,fa5,fa0,fa4 # fa5 = a*x[i] + y[i]
  12: fef63c27 fsd    fa5,-8(a2)  # y[i] = a*x[i] + y[i]
  16: fea618e3 bne    a2,a0,6     # 若 i != n, 则跳转到 Loop
Exit:
  1a: 8082     ret                # (展开为 jalr x0,ra,0) 函数返回
```

图 7.3　DAXPY 的 RV32DC 代码

8 条 16 位指令使代码大小缩减 36%。每条指令的位宽见第二列的十六进制字符数量。本例中显式出现的 RV32C 指令（以 c. 开头），通常对汇编语言程序员和编译器不可见。

尽管处理器设计者不能忽略 RV32C 指令，但能通过以下技巧降低实现开销：在执行指令前通过一个译码器将所有 16 位指令翻译成相应的 32 位指令。图 7.4 至图 7.7 列出了 RV32C 指令的格式和操作码，译码器将对其进行翻译。一个不支持任何扩展的 32 位 RISC-V 最小处理器需要 8 000 个门电路，而此译码器仅需 400 个。若它在如此小的设计中也仅占 5%，那么对于一个带高速缓存的中等规模（约 10 万个）的处埋器来说，该译码器的开销几乎可忽略不计。

成本

15 14 13	12	11 10 9 8 7	6 5 4 3 2	1 0		
000	nzimm[5]	0	nzimm[4:0]	01	CI	c.nop
000	nzimm[5]	rs1/rd≠0	nzimm[4:0]	01	CI	c.addi
001	imm[11|4|9:8|10|6|7|3:1|5]			01	CJ	c.jal
010	imm[5]	rd≠0	imm[4:0]	01	CI	c.li
011	nzimm[9]	2	nzimm[4|6|8:7|5]	01	CI	c.addi16sp
011	nzimm[17]	rd≠{0, 2}	nzimm[16:12]	01	CI	c.lui
100	nzuimm[5]	00 rs1'/rd'	nzuimm[4:0]	01	CB	c.srli
100	nzuimm[5]	01 rs1'/rd'	nzuimm[4:0]	01	CB	c.srai
100	imm[5]	10 rs1'/rd'	imm[4:0]	01	CB	c.andi
100	0	11 rs1'/rd'	00 rs2'	01	CA	c.sub
100	0	11 rs1'/rd'	01 rs2'	01	CA	c.xor
100	0	11 rs1'/rd'	10 rs2'	01	CA	c.or
100	0	11 rs1'/rd'	11 rs2'	01	CA	c.and
101	imm[11|4|9:8|10|6|7|3:1|5]			01	CJ	c.j
110	imm[8|4:3]	rs1'	imm[7:6|2:1|5]	01	CB	c.beqz
111	imm[8|4:3]	rs1'	imm[7:6|2:1|5]	01	CB	c.bnez

图 7.4 RV32C 操作码表（bits[1 : 0] = 01）包含指令的布局、操作码、格式和名称

rd'、rs1' 和 rs2' 表示 10 个常用寄存器，即 a0~a5、s0、s1、sp 和 ra。〔此图源于（Waterman et al. 2017）的表 12.5〕

15 14 13	12 11 10 9	8 7 6	5	4 3 2	1 0		
000	0			0	00	CIW	非法指令
000	nzuimm[5:4|9:6|2|3]			rd'	00	CIW	c.addi4spn
001	uimm[5:3]	rs1'	uimm[7:6]	rd'	00	CL	c.fld
010	uimm[5:3]	rs1'	uimm[2|6]	rd'	00	CL	c.lw
011	uimm[5:3]	rs1'	uimm[2|6]	rd'	00	CL	c.flw
101	uimm[5:3]	rs1'	uimm[7:6]	rs2'	00	CS	c.fsd
110	uimm[5:3]	rs1'	uimm[2|6]	rs2'	00	CS	c.sw
111	uimm[5:3]	rs1'	uimm[2|6]	rs2'	00	CS	c.fsw

图 7.5 RV32C 操作码表（bits[1 : 0] = 00）包含指令的布局、操作码、格式和名称

rd'、rs1' 和 rs2' 表示 10 个常用寄存器，即 a0~a5、s0、s1、sp 和 ra。〔此图源于（Waterman et al. 2017）的表 12.4〕

15 14 13	12	11 10 9 8 7	6 5 4 3 2	1 0		
000	nzuimm[5]	rs1/rd≠0	nzuimm[4:0]	10	CI	c.slli
000	0	rs1/rd≠0	0	10	CI	c.slli64
001	uimm[5]	rd	uimm[4:3|8:6]	10	CI	c.fldsp
010	uimm[5]	rd≠0	uimm[4:2|7:6]	10	CI	c.lwsp
011	uimm[5]	rd	uimm[4:2|7:6]	10	CI	c.flwsp
100	0	rs1≠0	0	10	CR	c.jr
100	0	rd≠0	rs2≠0	10	CR	c.mv
100	1	0	0	10	CR	c.ebreak
100	1	rs1≠0	0	10	CR	c.jalr
100	1	rs1/rd≠0	rs2≠0	10	CR	c.add
101	uimm[5:3|8:6]		rs2	10	CSS	c.fsdsp
110	uimm[5:2|7:6]		rs2	10	CSS	c.swsp
111	uimm[5:2|7:6]		rs2	10	CSS	c.fswsp

图 7.6 RV32C 操作码表（bits[1:0] = 10）包含指令的布局、操作码、格式和名称
〔此图源于（Waterman et al. 2017）的表 12.6〕

格式	含义	15 14 13	12	11 10 9	8	7	6	5 4 3	2	1 0
CR	寄存器	funct4		rd/rs1			rs2			op
CI	立即数	funct3	imm	rd/rs1			imm			op
CSS	相对栈的存数	funct3		imm			rs2			op
CIW	宽立即数	funct3		imm				rd′		op
CL	取数	funct3		imm	rs1′		imm		rd′	op
CS	存数	funct3		imm	rs1′		imm		rs2′	op
CA	算术	funct6			rd′/rs1′		funct2		rs2′	op
CB	分支/算术	funct3		offset	rd′/rs1′		offset			op
CJ	跳转	funct3		jump target						op

图 7.7 16 位 RVC 压缩指令的格式

rd′、rs1′ 和 rs2′ 表示 10 个常用寄存器，即 a0~a5、s0、s1、sp 和 ra〔此图源于（Waterman et al. 2017）的表 12.1〕

　　有何不同？ RV32C 中没有字节或半字指令，因为其他指令对代码大小的影响更大。相对于 RV32C，Thumb-2 的代码更小（见第 10 页图 1.5），是因为采用多字存取（Load and Store Multiple）指令可节省过程进入和退出的代码。为降低高端处理器的实现复杂性，RV32G 不支持这些指令；而考虑到与 RV32G 指令一一对应，RV32C 同样不支持这些指令。Thumb-2

是独立于 ARM-32 的 ISA，但处理器能在两者间切换，为此，硬件必须实现两个指令译码器，分别用于 ARM-32 和 Thumb-2。而 RV32GC 是一款 ISA，因此 RISC-V 处理器只需要一个译码器。

补充说明：为什么有些架构师不考虑 RV32C

超标量处理器在一个时钟周期内尝试取多条指令，此时指令译码可能成为瓶颈。另一个例子是宏融合（macrofusion），指令译码器把多条 RISC-V 指令组合成功能更复杂的指令来执行（见第 1 章）。16 位 RV32C 指令和 32 位 RV32I 指令混合出现将令译码情况变得复杂，从而使高性能处理器更难以在一个时钟周期内完成译码。

7.2 对比 RV32GC、Thumb-2、microMIPS 和 x86-32

图 7.8 总结了采用这四种 ISA 的插入排序和 DAXPY 的大小。

基准测试	ISA	ARM Thumb-2	microMIPS	x86-32	RV32GC
插入排序	指令数	18	24	20	19
	字节数	46	56	45	52
DAXPY	指令数	10	12	16	11
	字节数	28	32	50	28

图 7.8 采用压缩 ISA 的插入排序和 DAXPY 的指令数与代码大小

在插入排序的 19 条原始 RV32I 指令中，12 条被替换为 RV32C 指令，故代码从 $19 \times 4 = 76$ 字节缩减到 $12 \times 2 + 7 \times 4 = 52$ 字节，节省了 $24/76 = 32\%$。DAXPY 从 $11 \times 4 = 44$ 字节缩减到 $8 \times 2 + 3 \times 4 = 28$ 字节，节省了 $16/44 = 36\%$。

这两个小例子的结果与第 1 章第 10 页图 1.5 高度吻合，如该图所示，对于更多更复杂的程序，RV32G 代码比 RV32GC 代码长 37%。为达到该压缩率，程序中的 RV32C 指令必须超过一半。

补充说明：RV32C 真的是独一无二的吗

RV32I 指令在 RV32IC 中无法区分。Thumb-2 实际上是一款独立的 ISA，包含 16 位指令和 ARMv7 的大多数（并非全部）指令。例如，在 Thumb-2 中有比较−为零时跳转（Compare and Branch on Zero）指令，但 ARMv7 中没有，而对于带进位的反向减法（Reverse Subtarct with Carry）指令，则正好相反。microMIPS 也不是 MIPS32 的超集。例如，microMIPS 对分支偏移量乘以 2，但在 MIPS32 中则乘以 4，而 RISC-V 总是乘以 2。

7.3　结语

> 我本能写出更短的信，但我没有时间。
>
> ——布莱兹·帕斯卡（Blaise Pascal），1656 年
>
> 他是构建第一台机械计算器的数学家，因此图灵奖得主尼克劳斯·维尔特（Niklaus Wirth）用他的名字命名了一门编程语言。

代码大小

优雅

RV32C 让 RISC-V 编译出当今几乎最短的代码，你几乎能将其视为硬件辅助的伪指令。但这里汇编器将其隐藏起来，汇编语言程序员和编译器开发者无须感知，而并非如第 3 章所述的伪指令，它们由真实指令搭配常用操作形成，使 RISC-V 代码更容易使用和阅读。这两种方法都有助于提高程序员的工作效率。

RV32C 通过一套简洁而强大的机制提升性价比，是 RISC-V 的最佳示例之一。

7.4　扩展阅读

WATERMAN A, ASANOVIĆ K. The RISC-V instruction set manual, volume I: User-level ISA, version 2.2[M/OL]. RISC-V Foundation, 2017. https://riscv.org/specifications/.

第 8 章

RV32V：向量

我追求简洁，无法理解复杂的事物。

——西摩·克雷（Seymour Cray）

8.1　导言

西摩·克雷（1925—1996）是超级计算机 Cray-1 的架构师。Cray-1 于 1976 年投入使用，是第一台实现向量架构且取得商业成功的超级计算机。它是一颗明珠，即使不使用向量指令，它也是当时世界上最快的计算机。

性能

1997 年的 Intel 多媒体扩展（MMX）使 SIMD 流行起来，后续发展为 1999 年的流媒体 SIMD 扩展（SSE）和 2010 年的高级向量扩展（AVX）。MMX 扬名于 Intel 的一则广告，其中展示了一些穿彩色洁净服的半导体生产线工人跳迪斯科舞（见"链接 1"）。

架构和实现分离

易于编程/编译/链接

简洁

本章重点关注数据级并行，该技术用于可在大量数据上并发计算的目标应用程序。数组是一个常见例子，它是科学计算应用程序的基础，也用于多媒体程序。前者使用单精度和双精度的浮点数据，后者通常使用 8 位和 16 位的整型数据。

最著名的数据级并行架构是 SIMD（Single Instruction Multiple Data，单指令多数据）。SIMD 最初能流行，是因为它能将 64 位寄存器划分成多个 8 位、16 位或 32 位的片段，然后并行地计算它们。操作码指示数据位宽和操作类型。数据传送即为单个（很宽的）SIMD 寄存器的简单存取。

由于拆分已有 64 位寄存器的第一步并不难，故此方案十分诱人。为加速 SIMD，架构师随后拓宽寄存器以并行计算更多的片段。由于 SIMD ISA 属于增量型设计流派，再加上其数据位宽由操作码指定，因此在拓宽 SIMD 寄存器的同时也会扩展 SIMD 指令集。每次将 SIMD 的寄存器位宽和指令数量翻倍，都让 ISA 在提升复杂度的道路上越走越远，其后果却由处理器设计者、编译器设计者和汇编语言程序员承担。

利用数据级并行的另一种更古老、在我们看来更优雅的方案是向量架构。本章将阐释 RISC-V 使用向量架构而非 SIMD 的缘由。

向量计算机从内存中聚集读出数据并将其放入很长的、顺序的向量寄存器中。流水化的执行单元可在这些向量寄存器上高效计算。然后，向量架构将计算结果从向量寄存器分散写回内存中。向量寄存器的大小由具体实现决定，而不像 SIMD 那样嵌入操作码中。我们将看到，将向量长度和每个时钟周期的最大操作次数与指令编码分离，是向量架构的关键：向量微架构师可灵活设计数据并行硬件单元，不会影响程序员，而程序员无须重写代码即可享受更长向量的好处。此外，向量架构的指令数量比 SIMD 架构的少得多。而且，与 SIMD 架构不同，向量架构的编译技术十分完善。

向量架构比 SIMD 架构更罕见，因此知晓向量 ISA 的读者也更少。因此，本章相比前几章更具教程风格。如果你想深入了解向量架构，请阅读（Hennessy et al. 2011）的第 4 章和附录 G。RV32V 还有若干简化 ISA 的新特性，即使你已熟悉向量架构，也可能需要阅读更多说明。

8.2　向量计算指令

图 8.1 为 RV32V 扩展指令集的示意图。RV32V 的编码尚未最终确定[1]，故本书暂未给出指令布局示意图。

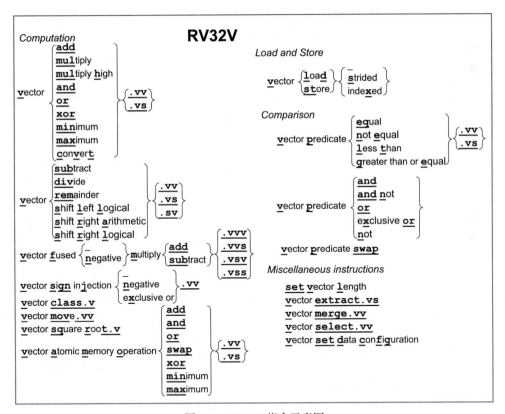

图 8.1　RV32V 指令示意图

由于采用动态寄存器类型，此图亦可直接适用于第 9 章的 RV64V。

前面章节中提到的每一条整数和浮点计算指令基本都有对应的向量版本，图 8.1 继承了 RV32I、RV32M、RV32F、RV32D

---

[1]译者注：RVV 1.0 版本于 2021 年 9 月冻结，彼时原书作者正在开展原书第 2 版的编写工作。但在译本的翻译工作接近尾声时，原书第 2 版尚未完成编写，因此译本仍然沿用原书第 1 版的大部分内容。

和 RV32A 的操作。每条向量指令都有几种类型，区别在于两个源操作数均为向量（.vv 后缀），或一个为向量，而另一个为标量（.vs 后缀）。后者表示一个操作数为 x 或 f 寄存器，另一个为向量寄存器（v）。以计算 $Y = a \times X + Y$ 的 DAXPY 程序（见第 5 章第 65 页图 5.7）为例，其中 X 和 Y 为向量，a 为标量。对于向量–标量操作，rs1 字段标识了要访问的标量寄存器。

对于减法和除法这类非对称操作，需要引入向量指令的第三种变体，其中第一个操作数为标量，第二个为向量（.sv 后缀），用于形如 $Y = a - X$ 的操作。这种变体对于加法和乘法这类对称操作是多余的，因此这些指令没有 .sv 版本。融合乘加指令有三个操作数，因此向量和标量的组合情况最多，即 .vvv、.vvs、.vsv 和 .vss。

读者可能注意到，图 8.1 中未提到向量操作的数据类型和位宽，下一节将解释原因。

8.3 向量寄存器和动态类型

RV32V 添加了 32 个名称以 v 开头的向量寄存器，但每个向量寄存器的元素数量并不固定，其取决于操作的位宽和向量寄存器堆的大小，后者由处理器设计者决定。例如，若处理器为向量寄存器堆分配 4 096 字节，则足以将 32 个向量寄存器分别划分为 16 个 64 位元素，或 32 个 32 位元素，或 64 个 16 位元素，或 128 个 8 位元素。

为保持向量 ISA 中元素数量的灵活性，向量处理器会根据不同的向量寄存器堆大小，计算让程序能正确运行的最大向量长度（mvl）。向量长度寄存器（vl）用于设置指定操作的向量元素数量，当程序的数组维度不为 mvl 的整数倍时，其很有用。我们将在后续小节中详细介绍 mvl、vl 和 8 个谓词寄存器（vp$i$）。

RV32V 采取将数据类型和位宽与向量寄存器关联的新方法，而不是与指令操作码关联。程序在执行向量计算指令前，先在向量寄存器中设置数据类型和位宽。使用动态寄存器类型可大幅减少向量指令数量，这很重要，因为每条向量指令通常有 6 个整数版本和 3 个浮点版本, 如图 8.1 所示。我们将在 8.9 节中看到, 当面对众多 SIMD 指令时, 动态类型向量架构能降低汇编语言程序员的认知负担和编译器中代码生成器的复杂度。

动态类型的另一个好处是程序能禁用未使用的向量寄存器, 并将向量寄存器堆的所有存储空间分配给已启用的向量寄存器。例如, 若只启用两个类型为 64 位浮点数的向量寄存器, 而向量寄存器堆大小为 1 024 字节, 则处理器将为每个向量寄存器分配 512 字节, 即 512/8 = 64 个元素, 并将 mvl 设为 64。由此可见, mvl 是动态变化的, 但其值仅由处理器设置, 软件不能直接修改。

源寄存器和目的寄存器决定操作和结果的类型与大小, 因此转换由动态类型隐式完成。例如, 处理器可直接将双精度浮点向量乘以单精度标量, 无须先将操作数转换为相同精度。此特性减少了向量指令的总数和执行的指令数。

可通过 vsetdcfg 指令设置向量寄存器类型。图 8.2 展示了 RV32V 可用的向量寄存器类型以及 RV64V (见第 9 章) 的更多类型。RV32V 要求向量浮点操作也有标量版本。因此, 它至少需要支持 RV32FV 才能使用 F32 类型, 至少需要支持 RV32FDV 才能使用 F64 类型。RV32V 引入 16 位浮点类型 F16。若一个实现同时支持 RV32V 和 RV32F, 则它必须同时支持 F16 和 F32 类型。

类型	浮点数		有符号整数		无符号整数	
位宽	名称	vetype	名称	vetype	名称	vetype
8 位	—	—	X8	10 100	X8U	11 100
16 位	F16	01 101	X16	10 101	X16U	11 101
32 位	F32	01 110	X32	10 110	X32U	11 110
64 位	F64	01 111	X64	10 111	X64U	11 111

图 8.2 RV32V 向量寄存器类型的编码

字段的最右边三位指示数据位宽, 左边两位给出类型。X64 和 X64U 仅用于 RV64V。F16 和 F32 需要支持 RV32F 扩展, F64 需要支持 RV32F 和 RV32D。F16 是 IEEE 754—2008 16 位浮点格式 (binary16)。将 vetype 设为 00000 将禁用向量寄存器。〔此图源于 (Waterman et al. 2017) 的表 17.4〕

補充說明：**RV32V 可快速切換上下文**

向量架構不如 SIMD 架構流行的一个原因是，大家担心添加很大的向量寄存器会增加中断时保存和恢复程序（上下文切换）的开销。动态寄存器类型有助于改善此情况。程序员必须告知处理器哪些向量寄存器正在使用，这意味着处理器在上下文切换时仅需保存和恢复这些寄存器。根据 RV32V 约定，软件在不使用向量指令时需要禁用所有向量寄存器，这意味着处理器既具备向量寄存器的性能优势，又仅在向量指令执行过程中发生中断才引入额外的上下文切换开销。早期的向量架构无论在何时发生中断，都必须在上下文切换时保存和恢复所有向量寄存器。

为避免上下文切换过慢，Intel 未在初版 MMX SIMD 扩展中添加寄存器，而是复用现有的浮点寄存器，这意味着无须切换额外的上下文，但程序不能混合使用浮点指令和多媒体指令。

8.4　向量取数和存数

每条取数和存数指令都有一个 7 位的无符号立即数偏移量，分别按目的寄存器和源寄存器的数据类型进行缩放。

最简单的向量取数和存数操作是处理顺序存放在内存的一维数组。向量取数通过 vld 指令给出起始地址，将内存地址连续的数据读入向量寄存器。与向量寄存器关联的数据类型决定数据元素大小，向量长度寄存器 vl 设置需要读出的元素数量。向量存数指令 vst 执行 vld 的逆操作。

例如，假设 a0 为 1024，v0 类型为 X32，则 vld v0,0(a0) 会生成地址 1024、1028、1032、1036……直到 vl 设置的上限。

对多维数组的某些访问并非顺序。若二维数组以行优先方式存放，则一列中连续数据元素的间隔为行大小。向量架构通过跨步（strided）数据传送指令 vlds 和 vsts 支持此类访问。虽然将 vlds 和 vsts 的步长设为元素大小可实现与 vld 和 vst 相同的效果，但 vld 和 vst 保证所有访问均为顺序，更容易提高内存带宽的使用。另一个原因是，提供 vld 和 vst 能为常见的单位步长访问缩减代码大小和执行的指令数。vlds 和 vsts 指令需要两个源寄存器，分别给出起始地址和以字节为单位的步长。

易于编程/编译/链接

例如，假设 a0 为起始地址 1024，a1 为行大小 64 字节。vlds v0,a0,a1 向内存发送以下地址序列：1024、1088（1024 + 1 × 64）、1152（1024 + 2 × 64）、1216（1024 + 3 × 64），依此类推，直到向量长度寄存器 vl 指定的数量。返回的数据被

顺序写入目的向量寄存器的元素中。

到目前为止，我们假设程序处理的数组是稠密的。为支持稀疏数组，向量架构提供索引数据传送指令 vldx 和 vstx。这些指令的一个源寄存器是向量寄存器，另一个是标量寄存器。标量寄存器给出稀疏数组的起始地址，向量寄存器的每个元素都是稀疏数组中非零元素的字节索引。

易于编程/编译/链接

假设 a0 为起始地址 1024，向量寄存器 v1 前四个元素中的字节索引为 16、48、80 和 160。vldx v0,a0,v1 会向内存发送以下地址序列：1040（1024+16）、1072（1024+48）、1104（1024+80）、1184（1024+160）。返回的数据被顺序写入目的向量寄存器的元素中。

虽然我们将稀疏数组作为索引取数和存数的动机，但也有很多其他算法通过索引表间接地访问数据。

索引取数和存数通常也被称为聚集（gather）和分散（scatter）。

8.5 向量操作的并行度

虽然简单的向量处理器一次可能只处理一个向量元素，但根据定义，各元素的操作相互独立，故理论上处理器可以同时计算所有元素。RV32G 的最大数据位宽为 64 位，而如今的向量处理器通常在每个时钟周期内处理 2 个、4 个或 8 个 64 位元素。当向量长度不是该数量的整数倍时，由硬件处理边界情况。

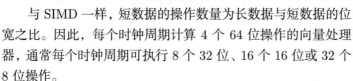

性能

与 SIMD 一样，短数据的操作数量为长数据与短数据的位宽之比。因此，每个时钟周期计算 4 个 64 位操作的向量处理器，通常每个时钟周期可执行 8 个 32 位、16 个 16 位或 32 个 8 位操作。

在 SIMD 架构中，由 ISA 架构师决定每个时钟周期数据并行操作的最大数量和每个寄存器的元素数量。若 SIMD 寄存器位宽翻倍，则 SIMD 指令数也翻倍，还需要修改 SIMD 编译器。相比之下，RV32V 由处理器设计者决定上述配置，无须更改 ISA 或编译器。这种潜在的灵活性意味着同一份 RV32V 程序无须修改，即可运行在最简单或最激进的向量处理器上。

易于编程/编译/链接

8.6 向量操作的条件执行

性能

一个程序称为可向量化，
若大部分操作都能用向
量指令实现。聚集、分散
以及谓词指令增加了可
向量化程序的数量。

一些向量计算包含 if 语句。向量架构不依赖条件分支，而
是用掩码禁止部分元素的向量操作。图 8.1 中的谓词指令在两
个向量或向量与标量之间执行条件测试，若条件成立，则往掩
码向量中的相应元素写 1，否则写 0。掩码向量的元素数量必须
和向量寄存器的相同。后续任意向量指令均可使用该掩码，掩
码的第 i 位为 1 表示向量操作会修改元素 i，为 0 表示元素保
持不变。

RV32V 提供 8 个向量谓词寄存器（vp$i$）用作掩码向量。
vpand、vpandn、vpor、vpxor 和 vpnot 指令在它们之间执行
逻辑运算，从而高效处理嵌套条件语句。

RV32V 用 vp0 或 vp1 作为控制向量操作的掩码，其中一
个谓词寄存器需要设为全 1 才能对所有元素执行操作。RV32V
的 vpswap 指令能将其他 6 个谓词寄存器之一与 vp0 或 vp1
快速交换。谓词寄存器也能动态启用，禁用它们可快速清除所
有谓词寄存器的值。

例如，假设向量寄存器 v3 中的所有偶数元素都是负整数，
所有奇数元素都是正整数。考虑如下代码：

```
vplt.vs     vp0,v3,x0 # 若 v3 的元素小于 0，则置位掩码
add.vv,vp0  v0,v1,v2  # 当掩码为 1 时，将 v0 的对应元素
                      # 修改为 v1+v2
```

这段代码将 vp0 中所有的偶数位设为 1，奇数位设为 0，
随后将 v0 中所有的偶数元素替换为 v1 和 v2 中对应元素之
和，奇数元素不变。

8.7 其他向量指令

除上文提到的用于设置向量寄存器数据类型的指令
（vsetdcfg）外，类似指令还有 setvl，它将向量长度寄存器
（vl）和目的寄存器设为源操作数和最大向量长度（mvl）中的
较小值。选择较小值是为了确定向量代码在循环中是能以最大

向量长度（mvl）运行，还是需要在较小值下运行以处理剩余元素。因此，为处理循环尾部，每次循环迭代都会执行 setvl。

RV32V 中还有三条指令可操作向量寄存器中的元素。

向量选择（vselect）按第二个源索引向量指定的元素位置，从第一个源数据向量中选取元素，构成一个新的结果向量：

```
# vindices 存有 0~mvl-1 的值，用于从 vsrc 中选取元素
vselect vdest, vsrc, vindices
```

因此，若 v2 的前四个元素为 8、0、4、2，则 vselect v0,v1,v2 将用 v1 的第 8 个元素替换 v0 的第 0 个元素；用 v1 的第 0 个元素替换 v0 的第 1 个元素；用 v1 的第 4 个元素替换 v0 的第 2 个元素；用 v1 的第 2 个元素替换 v0 的第 3 个元素。

向量合并（vmerge）与向量选择类似，但它用向量谓词寄存器选择数据来源。该指令根据谓词寄存器的内容从两个源寄存器中选取元素，构成一个新的结果向量。若向量谓词寄存器的元素为 0，则新元素来自 vsrc1；若为 1，则来自 vsrc2。

```
# vp0 的第 i 位决定 vdest 中新元素 i 是来自 vsrc1（第 i 位为 0）
# 还是来自 vsrc2（第 i 位为 1）
vmerge, vp0 vdest, vsrc1, vsrc2
```

因此，若 vp0 的前四个元素为 1、0、0、1，v1 的前四个元素为 1、2、3、4，v2 的前四个元素为 10、20、30、40，则 vmerge,vp0 v0,v1,v2 将把 v0 的前四个元素设为 10、2、3、40。

向量抽取指令从一个向量的中间开始选取元素，并将其放在第二个向量寄存器的开头：

```
# start 是一个标量寄存器，存放从 vsrc 中选取元素的起始位置
vextract vdest, vsrc, start
```

例如，若向量长度 vl 为 64，a0 为 32，则 vextract v0,v1,a0 将把 v1 中的后 32 个元素复制到 v0 的前 32 个元素的位置。

性能

vextract 指令能以递归减半的方式辅助任意二元结合运算符的归约。例如，要对向量寄存器的所有元素求和，可通过向量抽取将向量的后半部分复制到另一个向量寄存器的前半部分，并将向量长度减半。接着对这两个向量寄存器求和，并对求和结果重复该递归减半操作，直到向量长度为 1，此时第 0 个元素即为所求之和。

8.8　示例：用 RV32V 编写 DAXPY 程序

　　图 8.3 展示了用 RV32V 汇编语言编写的 DAXPY 程序（见第 5 章第 65 页图 5.7），我们将逐步解释。

```
# a0 是变量 n, a1 指向 x[0], a2 指向 y[0], fa0 是变量 a
  0:  li   t0, 2<<25
  4:  vsetdcfg t0                 # 启用两个 64 位浮点向量寄存器
loop:
  8:  setvl t0, a0                # vl = t0 = min(mvl, n)
  c:  vld  v0, a1                 # 取向量 x
 10:  slli t1, t0, 3             # t1 = vl * 8（以字节为单位）
 14:  vld  v1, a2                 # 取向量 y
 18:  add  a1, a1, t1            # 指向 x 的指针递增 vl * 8
 1c:  vfmadd v1, v0, fa0, v1     # v1 += v0 * fa0  (y = a * x + y)
 20:  sub  a0, a0, t0           # n -= vl  (t0)
 24:  vst  v1, a2               # 存向量 y
 28:  add  a2, a2, t1          # 指向 y 的指针递增 vl * 8
 2c:  bnez a0, loop            # 若 n != 0, 则重复
 30:  ret                      # 函数返回
```

图 8.3　图 5.7 中 DAXPY 程序的 RV32V 代码

机器语言代码尚未给出，因为 RV32V 的操作码仍未定义。

RISC-V 中的 V 也代表向量。 RISC-V 架构师在向量架构方面拥有丰富经验，并对 SIMD 在微处理器中占主导地位感到沮丧。因此，V 不仅代表第 5 个伯克利 RISC 项目，同时也代表此 ISA 将强调向量。

　　RV32V DAXPY 程序首先启用所需的向量寄存器。它只需要两个向量寄存器来存放 x 和 y 的部分元素，每个元素都是 8 字节宽的双精度浮点数。第一条指令生成一个常量，第二条指令将它写入用于配置向量寄存器的控制状态寄存器（vcfgd），从而获得两个 F64 类型的寄存器（见图 8.2）。根据定义，硬件按数字顺序分配寄存器，即 v0 和 v1。

　　假设 RV32V 处理器中向量寄存器堆的大小为 1 024 字节。硬件会把这些空间均分给两个向量寄存器，用于存放双精度浮点数（8 字节）。每个向量寄存器有 512/8 = 64 个元素，因此，处理器将此函数的最大向量长度（mvl）设为 64。

不支持 setvl 的向量架构会引入额外的条带挖掘（Strip Mining）代码，将 vl 设为循环的最后 n 个元素，并检查 n 的初值是否为零。

　　循环中的第一条指令为后续向量指令设置向量长度。setvl 指令把 mvl 和 n 中的较小值写入 vl 和 t0，其原因在于：若循环的迭代次数 n 大于 mvl，则代码最快能一次处理 64 个值，故将 vl 设为 mvl；若 n 比 mvl 小，则读/写不能越过 x 和 y

的末尾，故在最后一次循环中只计算剩余的 n 个元素。setvl
还写入 t0，用于帮助后续循环在地址 10 处的指令进行记录。

地址 c 处的 vld 指令从存放在标量寄存器 a1 的变量 x
地址处读出向量，将 x 中的 vl 个元素从内存取到 v0。下条
移位指令 slli 将向量长度乘以数据位宽（8 字节），用于稍后
递增指向 x 和 y 的指针。

地址 14 处的指令（vld）将 y 中的 vl 个元素从内存取
到 v1，下条指令（add）递增指向 x 的指针。

地址 1c 处的指令是核心。vfmadd 用标量 a（f0）乘以 x
（v0）中的 vl 个元素，并将每个乘积加上 y（v1）中的对应元
素，最后将这 vl 个和写回 y（v1）。

剩余操作包括将结果写回内存，以及一些循环控制开销。
地址 20 处的指令（sub）将 n（a0）减去 vl，以记录在本次
迭代中完成的操作数量。下条指令（vst）将 vl 个结果写入内
存中的 y。地址 28 处的指令（add）递增指向 y 的指针。下
条指令在 n（a0）非 0 时重复循环，在 n 为 0 时通过最后的
ret 指令返回调用点。

向量架构的强大之处在于，在这个 10 条指令的循环中，每
次迭代都会执行 $3 \times 64 = 192$ 次访存和 $2 \times 64 = 128$ 次浮点乘
加操作（假设 n 至少为 64），平均每条指令执行 19 次访存和
13 次乘加操作。我们将在下一节中看到，SIMD 的这一比例要
差一个数量级。

性能

8.9 对比 RV32V、MIPS-32 MSA SIMD 和 x86-32 AVX SIMD

我们将展示通过 SIMD 和向量架构执行 DAXPY 程序的
区别。换一个角度，SIMD 可被看作向量寄存器较短（8 个 8
位 "元素"）的受限向量架构，但它没有向量长度寄存器，也不
支持跨步或索引数据传送。

MIPS SIMD 图 8.4 为 DAXPY 程序的 MIPS SIMD
架构（MSA）版本。MSA 寄存器位宽为 128 位，故每条 MSA
SIMD 指令可操作两个双精度浮点数。

**ARM-32 有一个名为
NEON 的 SIMD 扩展，**
但它不支持双精度浮点
指令，故无法用它实现
DAXPY。

```
# a0 是变量 n, a2 指向 x[0], a3 指向 y[0], $w13 是变量 a
00000000 <daxpy>:
   0: 2405fffe  li       a1,-2
   4: 00852824  and      a1,a0,a1      # a1 = floor(n/2) * 2 抹去第 0 位
   8: 000540c0  sll      t0,a1,0x3     # t0 是 a1 的地址
   c: 00e81821  addu     v1,a3,t0      # v1 = &y[a1]
  10: 10e30009  beq      a3,v1,38      # 若 y == &y[a1]，则跳转到 Fringe (若 t0==0,
                                       # 则 n 为 0 或 1)
  14: 00c01025  move     v0,a2         # (延迟槽) v0 = &x[0]
  18: 78786899  splati.d $w2,$w13[0]   # w2 = 用 a 的副本填充 SIMD 寄存器
Loop:
  1c: 78003823  ld.d     $w0,0(a3)     # w0 = y 的两个元素
  20: 24e70010  addiu    a3,a3,16      # 指向 y 的指针递增两个浮点数的长度
  24: 78001063  ld.d     $w1,0(v0)     # w1 = x 的两个元素
  28: 24420010  addiu    v0,v0,16      # 指向 x 的指针递增两个浮点数的长度
  2c: 7922081b  fmadd.d  $w0,$w1,$w2   # w0 = w0 + w1 * w2
  30: 1467fffa  bne      v1,a3,1c      # 若指针未指向 y 的末尾，则跳转到 Loop
  34: 7bfe3827  st.d     $w0,-16(a3)   # (延迟槽) 将 y 的两个元素写回内存
Fringe:
  38: 10a40005  beq      a1,a0,50      # 若 n 为偶数，则跳转到 Done
  3c: 00c83021  addu     a2,a2,t0      # (延迟槽) a2 = &x[n-1]
  40: d4610000  ldc1     $f1,0(v1)     # f1 = y[n-1]
  44: d4c00000  ldc1     $f0,0(a2)     # f0 = x[n-1]
  48: 4c206b61  madd.d   $f13,$f1,$f13,$f0 # f13 = f1 + f0 * f13 (n 为奇数时的
                                       # 乘加操作)
  4c: f46d0000  sdc1     $f13,0(v1)    # y[n-1] = f13 (将结果写回内存)
Done:
  50: 03e00008  jr       ra            # 函数返回
  54: 00000000  nop                    # (延迟槽)
```

图 8.4   图 5.7 中 DAXPY 的 MIPS-32 MSA 代码

与图 8.3 中的 RV32V 代码相比，此代码的 SIMD 记账代码开销显而易见。MIPS-32 MSA 代码的第一部分（地址 0 到 18）用于复制 SIMD 寄存器中的标量变量 a，并在进入主循环前检查，确保 n 至少为 2。MIPS-32 MSA 代码的第三部分（地址 38 到 4c）用于处理 n 不为 2 的倍数的边界情况。RV32V 不需要此类记账代码，因为向量长度寄存器 vl 和 setvl 指令使该循环适用于任意 n 值，无论是奇数还是偶数。

这种记账代码 被看作向量架构中条带挖掘的一部分。如图 8.4 的图注所述，RV32V 有向量长度寄存器 vl 指令，故不需要此类 SIMD 记账代码。传统向量架构需要额外代码处理 n = 0 的边界情况，RV32V 则让向量指令在 n = 0 时执行空操作。

与 RV32V 不同，由于没有向量长度寄存器，MSA 需要额外的记账指令检查 n 的值是否合法。MSA 要求操作数必须成对，当 n 为奇数时，需要引入额外代码执行单个浮点乘加运算。该代码位于图 8.4 中地址 3c 到 4c 处。少数时候 n 可能为 0，此时地址 10 处的分支将跳过循环主体。

若分支未跳过循环，则地址 18 处的指令（splati.d）把 a 写入 SIMD 寄存器 w2 的两半中。要在 SIMD 中与标量相加，需要将其复制为与 SIMD 寄存器等宽。

在循环内部，地址 1c 处的 `ld.d` 指令将 y 的两个元素取到 SIMD 寄存器 w0 中，然后递增指向 y 的指针。随后将 x 的两个元素取到 SIMD 寄存器 w1 中。后续地址 28 处的指令递增指向 x 的指针，其后地址 2c 处为核心的乘加指令。

循环末尾的延迟分支判断指向 y 的指针是否已越过 y 的最后一个偶数元素，若否，则重复循环。地址 34 处延迟槽中的 SIMD 存数指令将结果写入 y 的两个元素中。

主循环结束后，代码检查 n 是否为奇数。若是，则用第 5 章中的标量指令执行最后一次乘加操作。最后一条指令返回到调用点。

MIPS MSA DAXPY 代码的核心循环包含 7 条指令，执行 6 次双精度访存和 4 次浮点乘加。平均每条指令执行约 1 次访存和 0.5 次乘加操作。

x86 SIMD　从图 8.5 中的代码可见，Intel 已经历多代 SIMD 扩展。SSE 扩展到 128 位 SIMD，引入 xmm 寄存器和相应指令；作为 AVX 的一部分，256 位 SIMD 引入 ymm 寄存器和相应指令。

地址 0 到 25 的第一组指令从内存取出变量，在 256 位 ymm 寄存器中将 a 复制 4 份，并在进入主循环前检查，确保 n 至少为 4。这使用两条 SSE 指令和一条 AVX 指令（图 8.5 的图注包含更多的细节）。

主循环是 DAXPY 计算的核心。地址 27 处的 AVX 指令 `vmovapd` 将 x 的 4 个元素取到 ymm0 中。地址 2c 处的 AVX 指令 `vfmadd213pd` 将 a（ymm2）的 4 个副本分别乘以 x 的 4 个元素（ymm0），再与 y 的 4 个元素（位于内存地址 ecx+edx*8 处）相加，结果放入 ymm0。后续地址 32 处的 AVX 指令 `vmovapd` 将 4 个结果存入 y 中。随后 3 条指令递增计数器，并在需要时重复循环。

与 MIPS MSA 的情况一样，地址 3e 和 57 之间的"边界"代码用于处理 n 不为 4 的倍数的情况。它包含 3 条 SSE 指令。

x86-32 AVX2 DAXPY 代码中的主循环包含 6 条指令，执行 12 次双精度访存和 8 次浮点乘加操作，平均每条指令执行 2 次访存和约 1 次乘加操作。

```
# eax 是变量 i, esi 是变量 n, xmm1 是变量 a, ebx 指向 x[0], ecx 指向 y[0]
00000000 <daxpy>:
   0: 56                    push    esi
   1: 53                    push    ebx
   2: 8b 74 24 0c           mov     esi,[esp+0xc]    # esi = n
   6: 8b 5c 24 18           mov     ebx,[esp+0x18]   # ebx = x
   a: c5 fb 10 4c 24 10     vmovsd  xmm1,[esp+0x10]  # xmm1 = a
  10: 8b 4c 24 1c           mov     ecx,[esp+0x1c]   # ecx = y
  14: c5 fb 12 d1           vmovddup xmm2,xmm1       # xmm2 = {a,a}
  18: 89 f0                 mov     eax,esi
  1a: 83 e0 fc              and     eax,0xfffffffc   # eax = floor(n/4) * 4
  1d: c4 e3 6d 18 d2 01     vinsertf128 ymm2,ymm2,xmm2,0x1 # ymm2 = {a,a,a,a}
  23: 74 19                 je      3e               # 若 n < 4, 则跳转到 Fringe
  25: 31 d2                 xor     edx,edx          # edx = 0
Loop:
  27: c5 fd 28 04 d3        vmovapd ymm0,[ebx+edx*8] # 取 x 的 4 个元素
  2c: c4 e2 ed a8 04 d1     vfmadd213pd ymm0,ymm2,[ecx+edx*8] # 4 个乘加操作
  32: c5 fd 29 04 d1        vmovapd [ecx+edx*8],ymm0 # 存 y 的 4 个元素
  37: 83 c2 04              add     edx,0x4
  3a: 39 c2                 cmp     edx,eax          # 和 n 比较
  3c: 72 e9                 jb      27               # 若小于 n, 则重复循环
Fringe:
  3e: 39 c6                 cmp     esi,eax          # 是否存在边界元素
  40: 76 17                 jbe     59               # 若 (n mod 4) == 0, 则跳转到 Done
FringeLoop:
  42: c5 fb 10 04 c3        vmovsd  xmm0,[ebx+eax*8] # 取 x 的元素
  47: c4 e2 f1 a9 04 c1     vfmadd213sd xmm0,xmm1,[ecx+eax*8] # 1 个乘加操作
  4d: c5 fb 11 04 c1        vmovsd  [ecx+eax*8],xmm0 # 存 y 的元素
  52: 83 c0 01              add     eax,0x1          # 递增 Fringe 计数
  55: 39 c6                 cmp     esi,eax          # 比较 Loop 和 Fringe 计数
  57: 75 e9                 jne     42 <daxpy+0x42>  # 若不相等, 则重复 FringeLoop
Done:
  59: 5b                    pop     ebx              # 函数结束阶段
  5a: 5e                    pop     esi
  5b: c3                    ret
```

图 8.5　图 5.7 中 DAXPY 的 x86-32 AVX2 代码

地址 a 处的 SSE 指令 vmovsd 将 a 读入 128 位 xmm1 寄存器的一半。地址 14 处的 SSE 指令 vmovddup 将 a 复制到 xmm2 的两半中, 用于后续的 SIMD 计算。地址 1d 处的 AVX 指令 vinsertf128 用 xmm2 中 a 的 2 个副本, 在 ymm2 中生成 a 的 4 个副本。地址 42 到 4d 的 3 条 AVX 指令 (vmovsd、vfmadd213sd、vmovsd) 处理 mod(n,4)≠0 的情况。这部分代码逐个元素执行 DAXPY 计算, 直到执行 n 次乘加操作时停止循环。同样, RV32V 不需要此类代码, 因为向量长度寄存器 vl 和 setvl 指令使该循环适用于任意 n 值。

补充说明：Illiac IV 首次揭示 SIMD 的编译复杂性

Illiac IV 包含 64 个并行的 64 位浮点单元（FPU），在摩尔定律提出前预计包含超过 100 万个逻辑门。架构师最初预测它每秒能进行 10 亿次浮点运算（1000MFLOPS），但它的实际性能最高只有 15MFLOPS。尽管计划中的 256 个 FPU 只实现了 64 个，但其成本已从 1966 年预计的 800 万美元膨胀到 1972 年的 3 100 万美元。该项目于 1965 年启动，但直到 1976 年（Cray-1 发布的那一年）才运行第一个实际程序。它可能是最臭名昭著的超级计算机，被列入"十大工程灾难"之一（Falk, 1976）。

8.10　结语

> 若代码可向量化，最好的架构就是向量架构。
> ——吉姆·史密斯（Jim Smith）于 1994 年在
> 国际计算机体系结构研讨会（ISCA）上的主题演讲

图 8.6 总结了 RV32IFDV、MIPS-32 MSA 和 x86-32 AVX2 的 DAXPY 程序的指令数和字节数。记账代码使 SIMD 架构的代码相形见绌，MIPS-32 MSA 和 x86-32 AVX2 代码的 2/3~3/4 都是 SIMD 引入的开销。这些额外代码要么为 SIMD 主循环准备数据，要么用于处理边界元素，后者一般出现在 n 并非 SIMD 寄存器中浮点数数量的整数倍时。

ISA	MIPS-32 MSA	x86-32 AVX2	RV32IFDV
指令数（静态）	22	29	13
字节数（静态）	88	92	52
主循环指令数	7	6	10
主循环计算元素个数	2	4	64
指令数（动态，n 为 1 000）	3 511	1 517	163

图 8.6　不同向量 ISA 的 DAXPY 指令数和代码大小

图中列出了静态指令总数、代码大小、每轮循环的指令数和计算元素个数，以及执行的总指令数（$n = 1\,000$）。带 MSA 的 microMIPS 将代码大小缩减到 64 字节，而 RV32FDCV 将其缩减到 40 字节。

　　图 8.3 中的 RV32V 代码不需要此类记账代码，使其指令数量减半。与 SIMD 不同，RV32V 有向量长度寄存器，使 n 取任意值时向量指令均可正确执行。你可能认为 n 为 0 时 RV32V 会出错。实际上不会，因为 RV32V 的向量指令在 vl = 0 时不进行任何操作。

简洁

性能

　　但是，SIMD 和向量架构之间最显著的区别并非代码长短。SIMD 执行的指令数比 RV32V 多 10 ~ 20 倍，因为每轮 SIMD 循环只计算 2 个或 4 个元素，相比之下，向量架构可计算 64 个元素。额外的取指和译码意味着在执行相同任务时能耗更高。

　　比较图 8.6 中的结果与第 5 章第 65 页图 5.8 中 DAXPY 的标量版本，我们看到 SIMD 代码的指令数和字节数翻了近 1 倍，但主循环的大小相同。执行的动态指令数减少到原来的 1/2 或 1/4，这取决于 SIMD 寄存器的位宽。相比之下，虽然 RV32V 的向量代码大小增加为原来的 1.2 倍（主循环 1.4 倍），但动态指令数是原来的 1/43！

　　即使动态指令数差别很大，我们认为这也只是 SIMD 和向量架构之间的第二大差异。缺少向量长度寄存器让指令数和记账代码暴增。像 MIPS-32 和 x86-32 这类增量型 ISA，每次 SIMD 寄存器位宽翻倍时，为较短 SIMD 寄存器定义的所有旧指令都需要复制一份。毫无疑问，许多代 SIMD ISA 新增了数百条 MIPS-32 和 x86-32 指令，将来仍会出现数以百计的新指令。这种粗暴的 ISA 演进方式给汇编语言程序员带来巨大的认知负担。像 vfmadd213pd 这样的指令，谁能记住其含义和使用场景？

易于编程/编译/链接

架构和实现分离

　　相比之下，RV32V 代码不受向量寄存器堆大小的影响。若向量寄存器堆变大，不仅 RV32V 本身无须改变，甚至无须重新编译程序。处理器决定最大向量长度 mvl 的值，故无论处理器将向量寄存器堆大小是从 1024 字节扩展到 4096 字节，还是缩小到 256 字节，图 8.3 中的代码都不受影响。

　　SIMD ISA 会绑定指定硬件，且修改 ISA 需要修改编译器。但 RV32V ISA 并非如此，它允许处理器设计者根据目标应用选择合适的数据级并行资源，而不影响程序员或编译器。可以说，SIMD 违反了第 1 章所述 ISA 设计原则的"架构和实现分离"。

优雅

我们认为，相比于 ARM-32、MIPS-32 和 x86-32 的增量型 SIMD 架构，RV32V 的模块化向量方法在成本－能耗－性能、复杂度和编程简易性等方面具有极大优势，而这可能是选择 RISC-V 的最有力论据。

8.11 扩展阅读

FALK H. What went wrong V: Reaching for a gigaflop: The fate of the famed Illiac IV was shaped by both research brilliance and real-world disasters[J]. IEEE spectrum, 1976, 13(10): 65-70.

HENNESSY J L, PATTERSON D A. Computer architecture: a quantitative approach[M]. [S.l.]: Elsevier, 2011.

WATERMAN A, ASANOVIĆ K. The RISC-V instruction set manual, volume I: User-level ISA, version 2.2[M/OL]. RISC-V Foundation, 2017. https://riscv.org/specifications/.

第 9 章

RV64：64 位地址指令

在计算机设计中只有一种错误难以恢复——用于存储器寻址和存储管理的地址位不足。

——切斯特·戈登·贝尔（C. Gordon Bell），1976 年

9.1　导言

图 9.1 至图 9.4 是 RV32G 指令的 64 位版本——RV64G 指令的示意图。由图可见，将 RISC-V 扩展为 64 位只需加入少量指令：32 位指令的字（word）、双字（doubleword）和长字（long）版本，并将包括 PC 的所有寄存器扩展为 64 位。因此，RV64I 中 sub 指令的操作数是两个 64 位数，而非 RV32I 中的 32 位数。RV64 和 RV32 很接近，但实际上是不同的 ISA：RV64 增加少量指令，基础指令的行为也稍有不同。

例如，第 108 页图 9.7 中插入排序的 RV64I 代码与第 2 章第 30 页图 2.7 中的 RV32I 代码非常相似。两者的指令数和字节数均相同。唯一的变化是取字和存字指令变为取双字和存双字指令，地址增量从 4 字节（字）变为 8 字节（双字）。图 9.5 列出了 RV64GC 指令的操作码，涵盖图 9.1 至图 9.4中的指令。

尽管 RV64I 的地址和默认数据大小均为 64 位，32 位字仍是程序中的有效数据类型。因此，像 RV32I 需要支持字节和半字操作一样，RV64I 也需要支持字操作。具体地，由于寄存器现在的位宽是 64 位，RV64I 添加字版本的加法和减法指令 addw、addiw、subw，它们将计算结果截断为 32 位，符号扩展后再写入目的寄存器。RV64I 也提供字版本的移位指令 sllw、slliw、srlw、srliw、sraw、sraiw，用于获取 32 位（而不是 64 位）的移位结果。RV64I 还提供双字存取指令 ld、sd，以传送 64 位数据。最后，就像 RV32I 中有无符号版本的取字节和取半字指令，RV64I 也有一条无符号版本的取字指令 lwu。

出于类似原因，RV64M 需要添加字版本的乘法、除法和求余指令 mulw、divw、divuw、remw、remuw。为允许程序员进行字和双字的同步操作，RV64A 为其全部 11 条指令都添加了双字版本。

切斯特·戈登·贝尔（1934—）是当年两种主流小型机架构的首席架构师之一。这两种架构分别是 1970 年发布的 DEC PDP-11（16 位地址）及其 7 年后的后续版本，32 位地址的 DEC VAX-11（VAX 是虚拟地址扩展的英文缩写）。

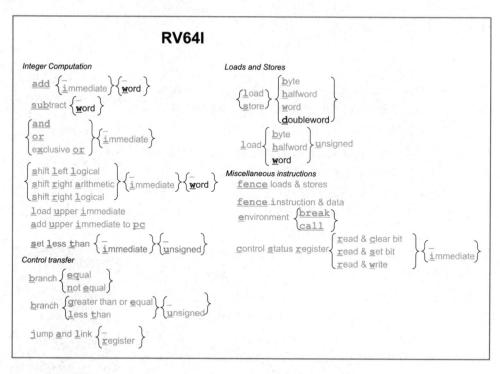

图 9.1 RV64I 指令示意图

从左到右连接带下画线的字母即可组成 RV64I 指令。灰色部分是将操作扩展到 64 位寄存器的旧 RV32I 指令，而深色部分是 RV64I 的新指令。

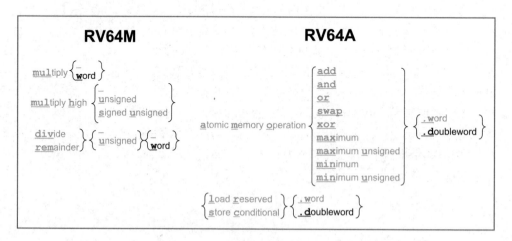

图 9.2 RV64M 和 RV64A 指令示意图

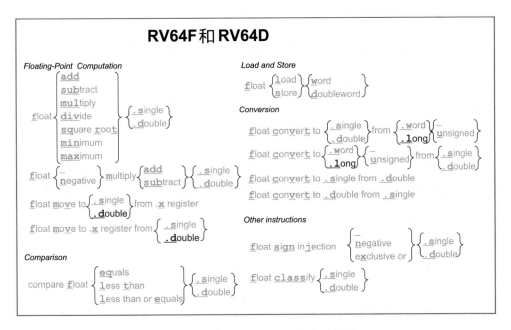

图 9.3 RV64F 和 RV64D 指令示意图

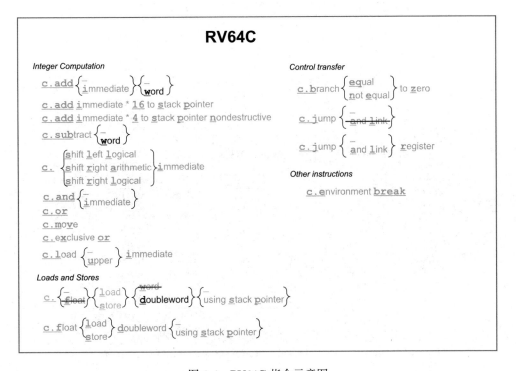

图 9.4 RV64C 指令示意图

31	25 24	20 19	15 14	12 11	7 6	0		
imm[11:0]		rs1	110	rd	0000011		I	lwu
imm[11:0]		rs1	011	rd	0000011		I	ld
imm[11:5]	rs2	rs1	011	imm[4:0]	0100011		S	sd
000000	shamt	rs1	001	rd	0010011		I	slli
000000	shamt	rs1	101	rd	0010011		I	srli
010000	shamt	rs1	101	rd	0010011		I	srai
imm[11:0]		rs1	000	rd	0011011		I	addiw
0000000	shamt	rs1	001	rd	0011011		I	slliw
0000000	shamt	rs1	101	rd	0011011		I	srliw
0100000	shamt	rs1	101	rd	0011011		I	sraiw
0000000	rs2	rs1	000	rd	0111011		R	addw
0100000	rs2	rs1	000	rd	0111011		R	subw
0000000	rs2	rs1	001	rd	0111011		R	sllw
0000000	rs2	rs1	101	rd	0111011		R	srlw
0100000	rs2	rs1	101	rd	0111011		R	sraw

RV64M 标准扩展（在 RV32M 的基础上添加）

0000001	rs2	rs1	000	rd	0111011		R	mulw
0000001	rs2	rs1	100	rd	0111011		R	divw
0000001	rs2	rs1	101	rd	0111011		R	divuw
0000001	rs2	rs1	110	rd	0111011		R	remw
0000001	rs2	rs1	111	rd	0111011		R	remuw

RV64A 标准扩展（在 RV32A 的基础上添加）

00010	aq	rl	00000	rs1	011	rd	0101111	R	lr.d
00011	aq	rl	rs2	rs1	011	rd	0101111	R	sc.d
00001	aq	rl	rs2	rs1	011	rd	0101111	R	amoswap.d
00000	aq	rl	rs2	rs1	011	rd	0101111	R	amoadd.d
00100	aq	rl	rs2	rs1	011	rd	0101111	R	amoxor.d
01100	aq	rl	rs2	rs1	011	rd	0101111	R	amoand.d
01000	aq	rl	rs2	rs1	011	rd	0101111	R	amoor.d
10000	aq	rl	rs2	rs1	011	rd	0101111	R	amomin.d
10100	aq	rl	rs2	rs1	011	rd	0101111	R	amomax.d
11000	aq	rl	rs2	rs1	011	rd	0101111	R	amominu.d
11100	aq	rl	rs2	rs1	011	rd	0101111	R	amomaxu.d

RV64F 标准扩展（在 RV32F 的基础上添加）

1100000	00010	rs1	rm	rd	1010011	R	fcvt.l.s
1100000	00011	rs1	rm	rd	1010011	R	fcvt.lu.s
1101000	00010	rs1	rm	rd	1010011	R	fcvt.s.l
1101000	00011	rs1	rm	rd	1010011	R	fcvt.s.lu

RV64D 标准扩展（在 RV32D 的基础上添加）

1100001	00010	rs1	rm	rd	1010011	R	fcvt.l.d
1100001	00011	rs1	rm	rd	1010011	R	fcvt.lu.d
1110001	00000	rs1	000	rd	1010011	R	fmv.x.d
1101001	00010	rs1	rm	rd	1010011	R	fcvt.d.l
1101001	00011	rs1	rm	rd	1010011	R	fcvt.d.lu
1111001	00000	rs1	000	rd	1010011	R	fmv.d.x

图 9.5　RV64 基础指令和可选扩展的操作码表

此图包含指令的布局、操作码、格式类型和名称。〔此图源于（Waterman et al. 2017）的表 19.2〕

RV64F 和 RV64D 为类型转换指令添加整数双字支持，并称其为长字，以避免与双精度浮点数混淆。这些指令包括：向有符号长字转换指令（`fcvt.l.s`、`fcvt.l.d`）、向无符号长字转换指令（`fcvt.lu.s`、`fcvt.lu.d`）、从有符号长字转换指令（`fcvt.s.l`、`fcvt.d.l`）、从无符号长字转换指令（`fcvt.s.lu`、`fcvt.d.lu`）。由于整数寄存器 `x` 的位宽现在是 64 位，它们能存放双精度浮点数，因此 RV64D 增加两条浮点数据传送指令：`fmv.x.d` 和 `fmv.d.x`。

RV64 基本上是 RV32 的超集，唯一一例外是压缩指令。RV64C 更换了若干 RV32C 指令，因为对于 64 位地址，更换后的指令能压缩更多的代码。RV64C 不支持压缩版本的跳转并链接指令（`c.jal`）和整数与浮点字存取指令（`c.lw`、`c.sw`、`c.lwsp`、`c.swsp`、`c.flw`、`c.fsw`、`c.flwsp` 和 `c.fswsp`）。作为替代，RV64C 支持更常用的字加减指令（`c.addw`、`c.addiw`、`c.subw`）以及双字存取指令（`c.ld`、`c.sd`、`c.ldsp`、`c.sdsp`）。

代码大小

补充说明：RV64 ABI 包括 lp64、lp64f 和 lp64d

lp64 表示 C 语言中的长整型和指针类型为 64 位，但整型仍为 32 位。与 RV32（见第 3 章）相同，后缀 "f" 和 "d" 表示如何传递浮点参数。

补充说明：RV64V 没有指令示意图

因为动态寄存器类型使 RV64V 与 RV32V 完全一致。唯一一变化是 RV64 支持第 87 页图 8.2 中的 X64 和 X64U 动态寄存器类型，但 RV32V 并不支持。

9.2 通过插入排序比较 RV64 与其他 64 位 ISA

正如本章开头戈登·贝尔所言，一个架构的唯一致命缺陷是地址位不足。随着程序逼近 32 位地址空间的极限，架构师开始为其 ISA 设计 64 位地址版本（Mashey, 2009）。

最早的 64 位版本是 1991 年发布的 MIPS，它将所有的寄

存器和程序计数器从 32 位扩展至 64 位，并新增 64 位版本的
MIPS-32 指令。MIPS-64 汇编语言指令都以字母 "d" 开头，如
daddu 或 dsll（见第 110 页图 9.9）。程序员可在同一个程序
中混合使用 MIPS-32 指令和 MIPS-64 指令。MIPS-64 移除了
MIPS-32 的取数延迟槽（发生写后读依赖时会阻塞流水线）。

易于编程/编译/链接

十年后，x86-32 也迎来后续版本。架构师在拓展地址空间
的同时，也借此机会在 x86-64 中进行一系列改进：

- 整数寄存器的数量从 8 个增加到 16 个（r8~r15）。
- SIMD 寄存器的数量从 8 个增加到 16 个（xmm8~xmm15）。
- 添加 PC 相对数据寻址，从而更好地支持位置无关代码。
  这些改进缓解了 x86-32 的一些弊端。

性能

通过比较插入排序的 x86-32 版本（见第 2 章第 33 页
图 2.10）和 x86-64 版本（见第 111 页图 9.10），我们可以发
现 x86-64 的优势。x86-64 将所有变量分配在寄存器中，无须将
其中一部分保存到内存，这将指令数量从 20 条减少到 15 条。
尽管指令数量更少了，但实际上 x86-64 的代码大小要多 1 字
节，从 45 字节变成 46 字节。原因是：为通过新操作码使用更
多的寄存器，x86-64 添加一个前缀字节来标识新指令。相对于
x86-32，x86-64 的平均指令长度有所增加。

易于编程/编译/链接

又过了十年，ARM 也遇到同样的地址问题。但架构师没有
像 x86-64 那样扩展旧 ISA 来支持 64 位地址，而是借此机会设
计一款全新的 ISA。基于这个全新的开始，他们修改了 ARM-32
的许多难用特性，得到一款现代 ISA：

- 整数寄存器的数量从 15 个增加到 31 个。
- 从通用寄存器堆中删除 PC。
- 为大多数指令提供硬连线为 0 的寄存器（r31）。
- 与 ARM-32 不同，ARM-64 中的所有数据寻址模式均适
  用于所有数据大小和类型。
- ARM-64 去除了 ARM-32 的多字存取指令。
- ARM-64 去除了 ARM-32 指令的可选条件执行。

但它仍具有 ARM-32 的一些缺点：分支指令使用条件码、
源寄存器和目的寄存器字段在指令格式中不固定、采用条件传
送指令、寻址模式复杂、性能计数器不一致，以及指令长度只
有 32 位。此外，ARM-64 无法切换到 Thumb-2 ISA，因为
Thumb-2 仅适用于 32 位地址。

与 RISC-V 不同，ARM 决定采用最大主义方法来设计 ISA。虽然 ARM-64 肯定比 ARM-32 更优秀，但其体量也更大。例如，它的指令超过 1 000 条，且 ARM-64 手册长达 3 185 页（ARM, 2015）。此外，其指令数仍在增长。自 2011 年发布以来，ARM-64 已经历三次扩展。

第 109 页图 9.8 中插入排序的 ARM-64 代码看起来更接近 RV64I 代码或 x86-64 代码，而不像 ARM-32 代码。例如，借助 31 个寄存器，代码无须从栈中保存和恢复寄存器。而且，由于 PC 不再属于通用寄存器，ARM-64 使用专门的返回指令。

图 9.6 总结了插入排序在不同 ISA 下的指令数和字节数。图 9.7 至图 9.10 展示了编译后的 RV64I、ARM-64、MIPS-64 和 x86-64 代码。这四段代码注释中的括号阐明了第 2 章的 32 位版本与这些 64 位版本之间的差异。

并非 Intel 设计出 x86-64 ISA。在向 64 位地址过渡时，Intel 发明了一款名为安腾（Itanium）但与 x86-32 不兼容的新 ISA。x86-32 处理器的竞争对手被拦在安腾门外，因此 AMD 发明了一款名为 AMD64 的 64 位版本 x86-32。安腾最终失败了，因此 Intel 被迫采用 AMD64 ISA 作为 x86-32 的 64 位地址的后续版本，我们称之为 x86-64（Kerner et al. 2007）。

ISA	ARM-64	MIPS-64	x86-64	RV64I	RV64I+RV64C
指令数	16	24	15	19	19
字节数	64	96	46	76	52

图 9.6　四款 ISA 的插入排序的指令数和代码大小

ARM Thumb-2 和 microMIPS 是 32 位地址 ISA，因此不适用于 ARM-64 和 MIPS-64。

MIPS-64 的指令最多，主要因为分支延迟槽中填充了 nop 指令。RV64I 所需指令更少，是因为采用了比较–分支指令，同时无分支延迟槽。与 RV64I 不同，ARM-64 和 x86-64 需要两条比较指令，但其变址寻址模式避免了使用 RV64I 所需的地址计算指令，从而节省指令数。但如下一节所述，RV64I+RV64C 的代码大小要小得多。

补充说明：ARM-64、MIPS-64 和 x86-64 不是官方名称

它们的官方名称分别是 ARMv9（ARM, 2021）、MIPS-IV 和 AMD64（关于 x86-64 的历史，请参见本页的花絮）。

```
# RV64I (19 条指令, 76 字节; 带 RV64C 则 52 字节)
# a1 是变量 n, a3 指向 a[0], a4 是变量 i, a5 是变量 j, a6 是变量 x
   0: 00850693  addi  a3,a0,8    # (8 vs 4) a3 指向 a[i]
   4: 00100713  li    a4,1       # i = 1
Outer Loop:
   8: 00b76463  bltu  a4,a1,10   # 若 i < n, 则跳转到 Continue Outer Loop
Exit Outer Loop:
   c: 00008067  ret              # 函数返回
Continue Outer Loop:
  10: 0006b803  ld    a6,0(a3)   # (ld vs lw) x = a[i]
  14: 00068613  mv    a2,a3      # a2 指向 a[j]
  18: 00070793  mv    a5,a4      # j = i
Inner Loop:
  1c: ff863883  ld    a7,-8(a2)  # (ld vs lw, 8 vs 4) a7 = a[j-1]
  20: 01185a63  ble   a7,a6,34   # 若 a[j-1] <= a[i], 则跳转到 Exit Inner Loop
  24: 01163023  sd    a7,0(a2)   # (sd vs sw) a[j] = a[j-1]
  28: fff78793  addi  a5,a5,-1   # j--
  2c: ff860613  addi  a2,a2,-8   # (8 vs 4) 递减 a2 后指向 a[j]
  30: fe0796e3  bnez  a5,1c      # 若 j != 0, 则跳转到 Inner Loop
Exit Inner Loop:
  34: 00379793  slli  a5,a5,0x3  # (8 vs 4) 把 a5 乘以 8
  38: 00f507b3  add   a5,a0,a5   # 此时 a5 为 a[j] 的地址
  3c: 0107b023  sd    a6,0(a5)   # (sd vs sw) a[j] = x
  40: 00170713  addi  a4,a4,1    # i++
  44: 00868693  addi  a3,a3,8    # 递增 a3 后指向 a[i]
  48: fc1ff06f  j     8          # 跳转到 Outer Loop
```

图 9.7　图 2.5 所示插入排序的 RV64I 代码

RV64I 汇编语言程序与第 2 章第 30 页图 2.7 中的 RV32I 汇编语言程序类似，我们在注释的括号内列出两者的差异。RV64I 的数据大小是 8 字节，而非 4 字节，故有三条指令的常数从 4 变为 8。由于数据位宽的变化，两条取字指令（lw）变为取双字指令（ld），两条存字指令（sw）变为存双字指令（sd）。

```
# ARM-64 (16 条指令, 64 字节)
# x0 指向 a[0], x1 是变量 n, x2 是变量 j, x3 是变量 i, x4 是变量 x
  0: d2800023  mov  x3, #0x1              # i = 1
Outer Loop:
  4: eb01007f  cmp  x3, x1               # 比较 i 和 n
  8: 54000043  b.cc 10                   # 若 i < n, 则跳转到 Continue Outer Loop
Exit Outer Loop:
  c: d65f03c0  ret                       # 函数返回
Continue Outer Loop:
 10: f8637804  ldr  x4, [x0, x3, lsl #3] # (x4 ca r4) vs x = a[i]
 14: aa0303e2  mov  x2, x3               # (x2 vs r2) j = i
Inner Loop:
 18: 8b020c05  add  x5, x0, x2, lsl #3   # x5 指向 a[j]
 1c: f85f80a5  ldur x5, [x5, #-8]        # x5 = a[j]
 20: eb0400bf  cmp  x5, x4               # 比较 a[j-1] 和 x
 24: 5400008d  b.le 34                   # 若 a[j-1]<=a[i], 则跳转到 Exit Inner Loop

 28: f8227805  str  x5, [x0, x2, lsl #3] # a[j] = a[j-1]
 2c: f1000442  subs x2, x2, #0x1         # j--
 30: 54ffff41  b.ne 18                   # 若 j != 0, 则跳转到 Inner Loop
Exit Inner Loop:
 34: f8227804  str  x4, [x0, x2, lsl #3] # a[j] = x
 38: 91000463  add  x3, x3, #0x1         # i++
 3c: 17fffff2  b    4                    # 跳转到 Outer Loop
```

图 9.8　图 2.5 所示插入排序的 ARM-64 代码

ARM-64 是一款新 ISA, 其汇编语言程序与第 2 章第 31 页图 2.8 中的 ARM-32 汇编语言程序不同。寄存器以 x 而不是 a 开头。数据寻址模式支持将寄存器左移 3 位来将变址转换为字节地址。借助 31 个寄存器, ARM-64 无须从栈中保存和恢复寄存器。由于 PC 不属于通用寄存器, 因此代码使用专门的返回指令。事实上, 上述代码看起来更接近 RV64I 代码或 x86-64 代码, 而不像 ARM-32 代码。

```
# MIPS-64 (24 条指令, 96 字节)
# a1 是变量 n, a3 指向 a[0], v0 是变量 j, v1 是变量 i, t0 是变量 x
  0: 64860008 daddiu a2,a0,8   # (daddiu vs addiu, 8 vs 4) a2 指向 a[i]
  4: 24030001 li     v1,1      # i = 1
Outer Loop:
  8: 0065102b sltu   v0,v1,a1  # i < n 则置位
  c: 14400003 bnez   v0,1c     # 若 i < n, 则跳转到 Continue Outer Loop
 10: 00c03825 move   a3,a2     # a3 指向 a[j] (延迟槽已填充)
 14: 03e00008 jr     ra        # 函数返回
 18: 00000000 nop              # 分支延迟槽未填充
Continue Outer Loop:
 1c: dcc80000 ld     a4,0(a2)  # (ld vs lw) x = a[i]
 20: 00601025 move   v0,v1     # j = i
Inner Loop:
 24: dce9fff8 ld     a5,-8(a3) # (ld vs lw, 8 vs 4, a5 vs t1) a5 = a[j-1]
 28: 0109502a slt    a6,a4,a5  # (无取数延迟槽) a[i] < a[j-1] 则置位
 2c: 11400005 beqz   a6,44     # 若 a[j-1] <= a[i], 则跳转到 Exit Inner Loop
 30: 00000000 nop              # 分支延迟槽未填充
 34: 6442ffff daddiu v0,v0,-1  # (daddiu vs addiu) j--
 38: fce90000 sd     a5,0(a3)  # (sd vs sw, a5 vs t1) a[j] = a[j-1]
 3c: 1440fff9 bnez   v0,24     # 若 j != 0, 则跳转到 Inner Loop (下一个延迟槽已填充)
 40: 64e7fff8 daddiu a3,a3,-8  # (daddiu vs addiu, 8 vs 4) 递减 a3 后指向 a[j]
Exit Inner Loop:
 44: 000210f8 dsll   v0,v0,0x3 # (dsll vs sll)
 48: 0082102d daddu  v0,a0,v0  # (daddu vs addu) 此时 v0 为 a[j] 的地址
 4c: fc480000 sd     a4,0(v0)  # (sd vs sw) a[j] = x
 50: 64630001 daddiu v1,v1,1   # (daddiu vs addiu) i++
 54: 1000ffec b      8         # 跳转到 Outer Loop (下一个延迟槽已填充)
 58: 64c60008 daddiu a2,a2,8   # (daddiu vs addiu, 8 vs 4) 递增 a2 后指向 a[i]
 5c: 00000000 nop              # 不需要的指令 (?)
```

图 9.9 图 2.5 所示插入排序的 MIPS-64 代码

MIPS-64 汇编语言程序与第 2 章第 32 页图 2.9 中的 MIPS-32 汇编语言程序有若干不同。首先，大多数 64 位数据的操作都在其名称前加上 "d"：daddiu、daddu、dsll。其次，与图 9.7 类似，由于数据大小从 4 字节增加到 8 字节，因此有三条指令的常数从 4 变为 8。同样地，由于数据位宽的变化，两条取数指令（1w）变为取双字指令（1d），两条存字指令（sw）变为存双字指令（sd）。最后，MIPS-64 移除了 MIPS-32 的取数延迟槽，发生写后读依赖时会阻塞流水线。

```
# x86-64 (15 条指令, 46 字节)

# rax 是变量 j, rcx 是变量 x, rdx 是变量 i, rsi 是变量 n, rdi 指向 a[0]

  0: ba 01 00 00 00 mov edx,0x1

Outer Loop:

  5: 48 39 f2       cmp rdx,rsi            # 比较 i 和 n

  8: 73 23          jae 2d <Exit Loop>     # 若 i >= n, 则跳转到 Exit Outer Loop

  a: 48 8b 0c d7  mov rcx,[rdi+rdx*8]      # x = a[i]

  e: 48 89 d0       mov rax,rdx            # j = i

Inner Loop:

 11: 4c 8b 44 c7 f8 mov r8,[rdi+rax*8-0x8] # r8 = a[j-1]

 16: 49 39 c8       cmp r8,rcx             # 比较 a[j-1] 和 x

 19: 7e 09          jle 24 <Exit Loop>     # 若 a[j-1] <= a[i], 则跳转到 Exit Inner Loop

 1b: 4c 89 04 c7    mov [rdi+rax*8],r8     # a[j] = a[j-1]

 1f: 48 ff c8       dec rax                # j--

 22: 75 ed          jne 11 <Inner Loop>    # 若 j != 0, 则跳转到 Inner Loop

Exit Inner Loop:

 24: 48 89 0c c7    mov [rdi+rax*8],rcx    # a[j] = x

 28: 48 ff c2       inc rdx                # i++

 2b: eb d8          jmp 5 <Outer Loop>     # 跳转到 Outer Loop

Exit Outer Loop:

 2d: c3             ret                    # 函数返回
```

图 9.10 图 2.5 所示插入排序的 x86-64 代码

x86-64 汇编语言程序与第 2 章第 33 页图 2.10 中的 x86-32 汇编语言程序有很大不同。首先，与 RV64I 不同，更宽的寄存器有不同的名称：rax、rcx、rdx、rsi、rdi、r8。其次，因为 x86-64 新增 8 个寄存器，此时可将所有变量分配在寄存器中，而无须分配在内存中。最后，x86-64 指令比 x86-32 指令更长，因为许多指令需要在头部添加 8 位或 16 位前缀码，使其在操作码空间中能被正确识别。例如，递增或递减寄存器（inc、dec）在 x86-32 中只需 1 字节，但在 x86-64 中需要 3 字节。因此，对于插入排序，虽然 x86-64 的指令比 x86-32 的少，但其代码大小几乎与 x86-32 的相同（45 字节和 46 字节）。

9.3　程序大小

代码大小

性能

成本

图 9.11 对比了 RV64、ARM-64 和 x86-64 的平均相对代码大小。将此图与第 1 章第 10 页图 1.5 进行比较。首先，RV32GC 的代码大小与 RV64GC 的几乎相同，仅比 RV64GC 的小 1%。RV32I 和 RV64I 的代码大小也很接近。虽然 ARM-64 代码比 ARM-32 代码小 8%，但由于没有 64 位地址版本的 Thumb-2，故所有指令长度仍为 32 位。因此，ARM-64 代码比 ARM Thumb-2 代码大 25%。x86-64 代码比 x86-32 代码大 7%，因为 x86-64 的指令添加了操作码前缀来标识新操作和更多寄存器。ARM-64 代码比 RV64GC 代码大 23%，x86-64 代码比 RV64GC 代码大 34%，因此 RV64GC 代码最小。程序大小的差异显著，让 RV64 要么能通过较低的指令缓存缺失率来提升性能，要么在缺失率尚可接受的前提下，采用更小的指令缓存来降低成本。

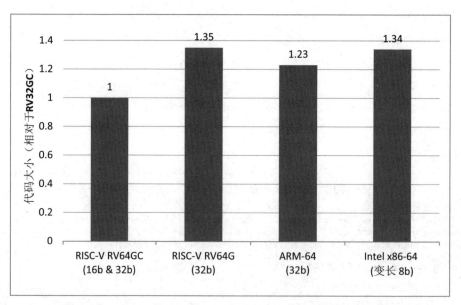

图 9.11　RV64G、ARM-64、x86-64 与 RV64GC 程序的相对大小

此处对比采用比图 9.6 所示大得多的程序。此图是第 1 章第 10 页图 1.5 中的 32 位 ISA 对应的 64 位地址版本。RV32C 的代码大小与 RV64C 的几乎一致，仅比 RV64C 的小 1%。ARM-64 不支持 Thumb-2，因此其他 64 位 ISA 的代码大小明显大于 RV64GC 代码。测试程序是采用 GCC 编译的 SPEC CPU2006 基准测试（Waterman，2016）。

9.4 结语

> 成为先驱的一个问题是你总会犯错误，而我永远不
> 想成为先驱。在看到先驱所犯错误后，第二个做这件事
> 才是最好的。
>
> ——西摩·克雷（Seymour Cray），第一台超级计
> 算机的架构师，1976 年

地址位不足是计算机体系结构的致命缺陷，许多架构因此缺陷而消亡。ARM-32 和 Thumb-2 仍是 32 位架构，故它们无益于大型程序。像 MIPS-64 和 x86-64 这些 ISA 在转型中幸存下来，但 x86-64 并不是 ISA 设计的典范，而在撰写这段文字时，MIPS-64 依然前途未卜。ARM-64 是一个广泛用于智能手机市场的大型新 ISA，并开始在云端取得成功。放眼未来，最流行的 64 位指令集很可能是 ARM-64、RV64 和 x86-64。

RISC-V 受益于同时设计 32 位和 64 位架构，而较老的 ISA 不得不先后设计它们。不出所料，RISC-V 程序员和编译器开发者能轻松从 32 位过渡到 64 位。RV64I ISA 几乎包含所有 RV32I 指令，这也是为何我们只用一页（两面）参考卡即可列出 RV32GCV 和 RV64GCV。

更重要的是，两者的同步设计意味着不必将 64 位架构的功能挤压到 32 位操作码空间中。RV64I 有足够的空间用于可选指令扩展（特别是 RV64C），因此其代码大小是最优的。我们认为 64 位架构更能体现 RISC-V 设计的合理性，这对于 20 年后才开始设计的我们是更容易实现的，因为我们能借鉴先驱经验，取其精华，去其糟粕。

补充说明：RV64E 标准嵌入式扩展

正如 RV32E 降低低端 32 位处理器的开销，RV64E 是一款为 64 位低端处理器设计的基础指令集，它的寄存器少 16 个。

MIPS 已迎来第五任所有者。Tallwood Venture Capital 公司在 2017 年以 6 500 万美元收购 MIPS 并成为其第三任所有者，随后在 2018 年把它转让给初创公司 Wave Computing。当 2020 年 Wave Computing 公司根据美国破产法的第 11 章申请破产重组时，Tallwood Ventrue Capital 公司以 6 100 万美元回购 MIPS。

易于编程/编译/链接

提升空间

代码大小

优雅

补充说明：RV128

RV128 最初是 RISC-V 架构师内部的一个玩笑，仅为说明 128 位地址的 ISA 是可能的。但仓库规模的计算机可能很快就会拥有超过 2^{64} 字节的半导体存储（DRAM 和闪存），程序员可能希望通过存储器地址访问它们。同时也有一些提议（Woodruff et al. 2014）通过 128 位地址来提高安全性。RISC-V 手册确实定义了一个称为 RV128G 的完整 128 位 ISA（Waterman et al. 2017），新增指令基本上与从 RV32 扩展到 RV64 的指令相同，如图 9.1 至图 9.4 所示。所有寄存器也扩展到 128 位，并且在新的 RV128 指令中，一部分操作数位宽为 128 位〔在指令名称中使用 "Q"，意为四字（quadword）〕，另一部分为 64 位〔在指令名称中使用 "D"，意为双字（doubleword）〕。

9.5　扩展阅读

ARM I. ARMv8-A architecture reference manual[J]. 2015.

ARM I. Arm architecture reference manual supplement armv9, for armv9-a architecture profile[J]. 2021.

KERNER M, PADGETT N. A history of modern 64-bit computing[R/OL]. CS Department, University of Washington, 2007. `http://courses.cs.washington.edu/courses/csep590/06au/projects/history-64-bit.pdf`.

MASHEY J. The long road to 64 bits[J]. Communications of the ACM, 2009, 52(1): 45-53.

WATERMAN A. Design of the RISC-V Instruction Set Architecture. PhD thesis, EECS Department, University of California, Berkeley, Jan 2016. URL `http://www2.eecs.berkeley.edu/Pubs/TechRpts/2016/EECS-2016-1.html`.

WATERMAN A, ASANOVIĆ K. The RISC-V instruction set manual, volume I: User-level ISA, version 2.2[M/OL]. RISC-V Foundation, 2017. `https://riscv.org/specifications/`.

WOODRUFF J, WATSON R N, CHISNALL D, et al. The CHERI capability model: Revisiting RISC in an age of risk[C]//Computer Architecture (ISCA), 2014 ACM/IEEE 41st International Symposium on. [S.l.]: IEEE, 2014: 457-468.

第10章
RV32/64 特权架构

简洁是可靠性的前提。

——艾兹赫尔·韦伯·戴克斯特拉（Edsger W. Dijkstra）

10.1　导言

艾兹赫尔·韦伯·戴克斯特拉（1930—2002）因设计编程语言的基础性贡献获 1972 年图灵奖。

简洁

到目前为止，本书主要关注 RISC-V 对通用计算的支持：我们之前介绍的所有指令都能在用户模式（应用程序代码通常在此模式下运行）下使用。本章介绍两种新的特权模式：机器模式（machine mode）和监管模式（supervisor mode）。前者用于运行最可信的代码，后者为 Linux、FreeBSD 和 Windows 等操作系统提供支持。这两种新模式的特权级均高于用户模式，正如本章标题所述。高特权模式通常能访问低特权模式的所有功能，同时还具备若干在低特权模式下不可用的额外功能，如中断处理和 I/O 操作。处理器通常在最低特权模式下运行，当发生中断和异常时，则将控制权转移到更高特权模式。

通过上述新模式的特性，嵌入式系统的运行时（runtime）环境和操作系统可响应外部事件（如网络数据包的到达），支持多任务及任务间保护，还提供硬件功能的抽象和虚拟化。这些主题的范围很广，一般需要用一整本书来深入讨论，而本章旨在介绍 RISC-V 的亮点功能。若读者对嵌入式系统运行时环境和操作系统不感兴趣，则可略读或跳过本章。

图 10.1 为 RISC-V 特权架构的指令示意图，图 10.2 列出了这些指令的操作码。如图所示，特权架构添加的指令非常少，但增加了若干控制状态寄存器（CSR）来实现其新增功能。

RV32/64 特权指令

$$\left.\begin{array}{l} \text{\underline{m}achine-mode} \\ \text{\underline{s}upervisor-mode} \end{array}\right\} \text{trap \underline{ret}urn}$$

\underline{s}upervisor-mode \underline{fence}.\underline{v}irtual \underline{m}emory \underline{a}ddress

\underline{w}ait \underline{f}or \underline{i}nterrupt

图 10.1　RISC-V 特权架构的指令示意图

31	27	26 25 24	20	19	15	14	12	11	7	6	0		
0001000		00010		00000		000		00000		1110011		R	sret
0011000		00010		00000		000		00000		1110011		R	mret
0001000		00101		00000		000		00000		1110011		R	wfi
0001001		rs2		rs1		000		00000		1110011		R	sfence.vma

图 10.2　RISC-V 特权指令的布局、操作码、格式类型和名称

〔此图源于（Waterman et al. 2017）的表 6.1。〕

本章同时介绍 RV32 和 RV64 特权架构。两者的差异仅体现在整数寄存器的位宽上，因此，为描述简洁，我们引入术语 XLEN 指代整数寄存器的位宽。XLEN 在 RV32 中为 32，在 RV64 中为 64。

10.2　简单嵌入式系统的机器模式

机器模式（简写为 M 模式）是一个 RISC-V 硬件线程（hart，hardware thread）可执行的最高特权模式。在 M 模式下运行的硬件线程能完全访问内存、I/O 和底层系统功能，这对启动和配置系统是必不可少的。因此，M 模式是唯一一个所有标准 RISC-V 处理器都必须实现的特权模式。实际上，简单的 RISC-V 微控制器仅支持 M 模式。本节将重点关注这类系统。

机器模式最重要的特性是拦截和处理异常（不寻常的运行时事件）。RISC-V 将异常分为两类：一类是同步异常，它是指令执行的一种结果，如访问无效的内存地址，或执行操作码无效的指令；另一类是中断，它是与指令流异步的外部事件，如点击鼠标。RISC-V 的异常是精确的：异常点之前的所有指令都执行完毕，而异常点之后的指令都未开始执行。图 10.3 列出了标准的异常原因。

在 M 模式运行期间可能发生的同步异常有 5 种。

- 访问故障异常：在物理内存地址不支持访问类型时发生，如尝试写入 ROM。
- 断点异常：在执行 ebreak 指令，或者地址或数据与调试触发器（debug trigger）匹配时发生。

hart 是 hardware thread（硬件线程）的简写，为与大多数程序员熟悉的软件线程区分而被提出。软件线程在硬件线程上分时复用。大多数处理器核仅有一个硬件线程。

架构和实现分离

支持 C 扩展时不会发生指令地址不对齐异常，因为 RISC-V 处理器永远不会跳转到一个奇数地址：分支指令和 JAL 指令的立即数总是偶数，JALR 指令则会将其有效地址的最低位清零。若不支持 C 扩展，此异常将在处理器跳转到一个被 4 除余 2 的地址时发生。

- 环境调用异常：在执行 ecall 指令时发生。
- 非法指令异常：在对无效操作码进行译码时发生。
- 不对齐地址异常：在有效地址不能被访问位宽整除时发生，如地址为 0x12 的 amoadd.w。

中断/异常 mcause[XLEN-1]	异常号 mcause[XLEN-2:0]	描述
1	1	S 模式软件中断
1	3	M 模式软件中断
1	5	S 模式时钟中断
1	7	M 模式时钟中断
1	9	S 模式外部中断
1	11	M 模式外部中断
0	0	指令地址不对齐
0	1	指令访问故障
0	2	非法指令
0	3	断点
0	4	读数地址不对齐
0	5	读数访问故障
0	6	存数地址不对齐
0	7	存数访问故障
0	8	U 模式环境调用
0	9	S 模式环境调用
0	11	M 模式环境调用
0	12	指令页故障
0	13	读数页故障
0	15	存数页故障

图 10.3　RISC-V 异常和中断的原因

mcause 的最高位在发生中断时置 1，发生同步异常时置 0，低位部分标识中断或异常的具体原因。只有实现了监管模式，才可能发生 S 模式中断和页故障异常（见 10.5 节）。〔此图源于（Waterman et al. 2017）的表 3.6〕

　　如第 2 章所述，RISC-V 允许不对齐访存，但图 10.3 中仍包含访存地址不对齐异常。该设计有两个原因。首先，第 6 章介绍的原子操作要求访存地址自然对齐。其次，考虑到不对齐访存的硬件实现较复杂，且出现频率很低，因此一些硬件实现方案选择不支持不对齐的普通访存操作。这类处理器需要陷入异常处理程序，然后通过一系列较小的对齐访存操作，在软件中模拟不对齐访存。应用程序代码对此一无所知：不对齐访存操作仍然正确执行，虽然执行得慢，但硬件实现却很简单。此外，高性能处理器亦可在硬件中实现不对齐访存。上述实现灵活性归功于 RISC-V 让不对齐访存指令使用与普通访存指令相同的操作码，从而遵循第 1 章中讲的架构和实现分离的原则。

　　标准的中断源有三种：软件、时钟和外部。软件中断通过写入一个内存映射寄存器触发，通常用于一个硬件线程通知另一个，此机制在其他架构中被称为处理器间中断。时钟中断在实时计数器 mtime 大于或等于硬件线程的时间比较器（一个名为 mtimecmp 的内存映射寄存器）时触发。外部中断由平台级中断控制器触发，后者用于连接大多数外部设备的中断信号。由于不同硬件平台的内存映射不同，对中断控制器特性的需求也不同，因此发送和清除上述中断的相关机制也因平台而异。但对于所有的 RISC-V 系统来说，一个共性问题是如何处理异常和屏蔽中断，下文将进一步讨论。

架构和实现分离

10.3　机器模式的异常处理

　　以下 8 个 CSR 是在机器模式下异常处理所必需的。
- mstatus（Machine Status），维护各种状态，如全局中断使能状态（见图 10.4）。
- mip（Machine Interrupt Pending），记录当前的中断请求（见图 10.5）。
- mie（Machine Interrupt Enable），维护处理器的中断使能状态（见图 10.5）。
- mcause（Machine Exception Cause），指示发生了何种异常（见图 10.6）。
- mtvec（Machine Trap Vector），存放发生异常时处理器

跳转的地址（见图 10.7）。

- mtval（Machine Trap Value），存放与当前自陷相关的额外信息，如地址异常的故障地址、非法指令异常的指令，发生其他异常时其值为 0（见图 10.8）。
- mepc（Machine Exception PC），指向发生异常的指令（见图 10.8）。
- mscratch（Machine Scratch），向异常处理程序提供一个字的临时存储（见图 10.8）。

XLEN-1	XLEN-2		23	22	21	20	19	18	17
SD	保留			TSR	TW	TVM	MXR	SUM	MPRV
1	XLEN-24			1	1	1	1	1	1

16 15	14 13	12 11	10 9	8	7	6	5	4	3	2	1	0
XS	FS	MPP	保留	SPP	MPIE	保留	SPIE	保留	MIE	保留	SIE	保留
2	2	2	2	1	1	1	1	1	1	1	1	1

图 10.4　mstatus CSR

在仅有机器模式且无 F 和 V 扩展的简单处理器中，有效字段只有全局中断使能、MIE 和 MPIE（发生异常后存放 MIE 的旧值）。XLEN 在 RV32 中为 32，在 RV64 中为 64。〔此图源于（Waterman et al. 2017）的图 3.7；关于其他字段的说明，请参见该文档的 3.1 节〕

XLEN-1	12	11	10	9	8	7	6	5	4	3	2	1	0
保留		MEIP	保留	SEIP	保留	MTIP	保留	STIP	保留	MSIP	保留	SSIP	保留
保留		MEIE	保留	SEIE	保留	MTIE	保留	STIE	保留	MSIE	保留	SSIE	保留
XLEN-12		1	1	1	1	1	1	1	1	1	1	1	1

图 10.5　M 模式的中断 CSR

它们均为 XLEN 位的可读、可写寄存器，分别存放中断请求位（mip）和中断使能位（mie）。对于 mip，通过其 CSR 地址可写入的位只有对应特权更低的软件中断（SSIP）、时钟中断（STIP）和外部中断（SEIP），其余位是只读的。

XLEN-1 XLEN-2		0
中断	异常号	
1	XLEN-1	

图 10.6　M 模式和 S 模式的原因 CSR（mcause 和 scause）

当发生自陷时，硬件将触发自陷的事件指示码写入该 CSR。若自陷由中断引起，中断（Interrupt）位将置 1。异常号（Exception Code）字段包含指示上一个异常的号码。图 10.3 列出了异常号及相应的自陷原因。

图 10.7 M 模式和 S 模式的自陷向量基地址 CSR（`mtvec` 和 `stvec`）

两者均为 XLEN 位的可读、可写寄存器，存放自陷向量的相关配置，包括向量基地址（BASE）和向量模式码（MODE）。BASE 字段的值必须按 4 字节对齐。MODE=0 表示所有异常发生时都将 PC 设为 BASE，MODE=1 表示发生异步中断时将 PC 设为（BASE + (4 × cause)）。

XLEN-1	0
异常值寄存器 [m/s]tval	
异常 PC 寄存器 [m/s]epc	
草稿寄存器 [m/s]scratch	

XLEN

图 10.8 与异常和中断相关的 CSR

异常值寄存器（`mtval` 和 `stval`）存放一些与当前自陷相关的辅助信息，例如故障地址或一条非法指令。异常 PC 寄存器（`mepc` 和 `sepc`）指向发生异常的指令。草稿寄存器（`mscratch` 和 `sscratch`）向异常处理程序提供一个空闲可用的寄存器。

当处理器处于 M 模式时，在全局中断使能位 mstatus.MIE= 1 时才会响应中断。此外，每个中断在 mie 中都有相应的使能位，其位置与图 10.3 中的异常号一致，如 mie[7] 对应 M 模式时钟中断。mip 的布局相同，用于记录当前的中断请求。因此，若 mstatus.MIE=1，mie[7]=1，且 mip[7]=1，则处理器可响应 M 模式时钟中断。

当一个硬件线程发生异常时，硬件将原子地发生如下状态转换：

- 将异常指令的 PC 保存在 mepc 中，并将 PC 设为 mtvec。对于同步异常，mepc 指向触发异常的指令；对于中断，它指向中断处理后应恢复执行的指令。
- 将异常原因写入 mcause（编码如图 10.3 所示），并将故障地址或与其他异常相关的信息字写入 mtval。
- 将 mstatus.MIE 清零以屏蔽中断，并将 MIE 的旧值保存到 MPIE 中。
- 将异常发生前的特权模式保存到 mstatus.MPP，并将特权模式更改为 M。图 10.9 列出了 MPP 字段的编码（若处理器仅支持 M 模式，则省略此步）。

RISC-V 还支持向量中断，此时处理器跳转到一个与中断相关的地址，而不是统一的入口。此方式使软件不必读取和解析 mcause，从而加速中断处理。mtvec[0]＝1 时启用此功能，此时处理器将根据中断原因 x 将 PC 设为（mtvec-1+4x），而不是 mtvec。

编码	名称	缩写
00	用户	U
01	监管	S
11	机器	M

图 10.9　RISC-V 的特权模式及其编码

　　为避免覆盖整数寄存器的内容，中断处理程序的准备阶段通常先交换 mscratch 和某个整数寄存器（如 a0）。软件通常预先让 mscratch 指向一段可用的临时内存空间，供处理程序保存其将使用的整数寄存器。主体部分执行结束后，中断处理程序的结束阶段将恢复之前保存到内存的寄存器，并再次交换 mscratch 和 a0，将两者恢复到异常发生前的值。最后，处理程序通过一条 M 模式专用的指令 mret 返回。mret 将 PC 设为 mepc，将 mstatus.MPIE 复制到 MIE 字段来恢复之前的中断使能状态，并将特权模式设为 mstatus.MPP 的值。此过程基本是前文所述行为的逆操作。

简洁

　　图 10.10 展示了一个简单的时钟中断处理程序的 RISC-V 汇编代码，其处理过程如上文所述。它仅递增时间比较器，然后返回之前的任务继续执行。在实际系统中，时钟中断处理程序可能会调用调度器在任务间切换。它是不可抢占的，故在执行过程中中断保持关闭。尽管如此，这个 RISC-V 中断处理程序的完整示例只占一页！

　　有时需要在处理异常过程中响应优先级更高的中断。但 mepc、mcause、mtval 和 mstatus 这些 CSR 只有一个副本，当响应另一个中断时，若软件不提供帮助，将破坏上述寄存器的旧值，导致数据丢失。可抢占的中断处理程序会在打开中断前将上述寄存器保存到内存的栈区，同时在返回前关闭中断并从栈中恢复寄存器。

```
# 保存寄存器
csrrw a0, mscratch, a0    # 保存 a0; 设置 a0 为临时内存空间的地址
sw a1, 0(a0)              # 保存 a1
sw a2, 4(a0)             # 保存 a2
sw a3, 8(a0)             # 保存 a3
sw a4, 12(a0)            # 保存 a4

# 解析中断原因
csrr a1, mcause          # 读出异常原因
bgez a1, exception       # 若非中断, 则跳转
andi a1, a1, 0x3f        # 单独取出中断原因
li a2, 7                 # a2 = 时钟中断号
bne a1, a2, otherInt     # 若非时钟中断, 则跳转

# 处理时钟中断, 递增时间比较器
la a1, mtimecmp          # a1 = 时间比较器的地址
lw a2, 0(a1)             # 读出比较器的低 32 位
lw a3, 4(a1)             # 读出比较器的高 32 位
addi a4, a2, 1000        # 把低 32 位加上 1 000
sltu a2, a4, a2          # 计算进位
add a3, a3, a2           # 把进位加到高位上
sw a3, 4(a1)             # 写入高 32 位
sw a4, 0(a1)             # 写入低 32 位

# 恢复寄存器并返回
lw a4, 12(a0)            # 恢复 a4
lw a3, 4(a0)             # 恢复 a3
lw a2, 4(a0)             # 恢复 a2
lw a1, 0(a0)             # 恢复 a1
csrrw a0, mscratch, a0   # 恢复 a0; 设置 mscratch 为临时内存空间的地址
mret                     # 从处理程序返回
```

图 10.10 一个简单的时钟中断处理程序的 RISC-V 代码

代码假设全局中断已通过 mstatus.MIE=1 打开, 时钟中断已通过 mie[7]=1 打开, mtvec 已被设为此处理程序的地址, 且 mscratch 已指向一段 16 字节、用于保存寄存器的临时缓冲区。准备阶段保存 5 个寄存器, 其中 a0 被保存在 mscratch 中, a1~a4 被保存在内存中。然后检查 mcause 解析异常原因: 若 mcause<0, 则为中断; 反之, 则为同步异常。若为中断, 则通过判断 mcause 的低位是否等于 7 来检查是否为 M 模式时钟中断。若为时钟中断, 则向时间比较器加 1 000 个周期, 使下次时钟中断在大约 1 000 个时钟周期后发生。最后, 结束阶段恢复 a0~a4 和 mscratch, 然后通过 mret 返回到之前的代码。

除了上文介绍的 mret 指令, M 模式还提供另一条指令: wfi (Wait For Interrupt, 等待中断)。wfi 告知处理器目前无实质性工作, 因此它进入低功耗模式, 直到任意使能的中断到来, 即 mie & mip≠0。RISC-V 处理器有多种方式实现该指令, 包括停止时钟直到中断到来, 或简单地将其当作 nop 执行。因此, wfi 通常在循环内使用。

易于编程/编译/链接

补充说明：无论全局中断打开与否，wfi 都能工作

若在全局中断打开（mstatus.MIE = 1）时执行 wfi，然后到来一个未屏蔽的中断，处理器将跳转到异常处理程序。若在全局中断关闭时执行 wfi，然后到来一个未屏蔽的中断，处理器将继续执行 wfi 后的代码。这些代码通常会检查 mip 并决定后续行为。与跳转到异常处理程序相比，该策略可降低中断处理的延迟，因为它不必保存和恢复整数寄存器。

10.4　嵌入式系统中的用户模式和进程隔离

虽然 M 模式对于简单的嵌入式系统已足够使用，但由于 M 模式能自由访问所有硬件资源，它仅适用于整个代码库都可信的情况。而实际中并非所有应用程序代码均可信任，因为它们无法预先获取或规模太大，导致难以证明其正确性。因此 RISC-V 提供相关机制，以避免系统受不可信代码危害，同时为不可信进程提供隔离保护。

易于编程/编译/链接

必须禁止不可信代码执行特权指令（如 mret）和访问特权 CSR（如 mstatus），否则系统将被不可信代码控制。为实现此限制，只需加入一种新特权模式：用户模式（U 模式）。在 U 模式下处理器将拒绝执行 M 模式指令或访问 M 模式 CSR，并抛出非法指令异常。除此之外，两种模式的行为是类似的。M 模式软件为进入 U 模式，可将 mstatus.MPP 设为 U（其编码为 0，如图 10.9 所示），然后执行 mret 指令。若在 U 模式下发生异常，则控制权将交还给 M 模式。

此外，还必须限制不可信代码使其只能访问各自的内存。支持 M 模式和 U 模式的处理器具备一个称为物理内存保护（Physical Memory Protection, PMP）的功能，该功能允许 M 模式指定哪些内存地址可让 U 模式访问。PMP 包含若干个地址寄存器（通常为 8~16 个）和相应的配置寄存器，后者用于配置读、写和执行权限。当处于 U 模式的处理器尝试取指或访存时，其地址会和所有 PMP 地址寄存器比较。若地址大于或等于第 i 个 PMP 地址寄存器，但小于第 $i+1$ 个 PMP 地址寄存器，则让第 $i+1$ 个 PMP 配置寄存器决定是否允许该访问；若否，则抛出一个访问异常。

图 10.11 展示了 PMP 地址寄存器和配置寄存器的布局。两者均为 CSR，地址寄存器名为 pmpaddr0~pmpaddr$N$，其中 $N+1$ 为处理器中实现的 PMP 数量。由于 PMP 的粒度为 4 字节，因此地址寄存器右移了两位。为加速上下文切换，CSR 中的配置寄存器采取密集方式排列，如图 10.12 所示。

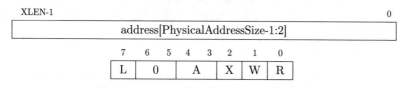

图 10.11　PMP 地址寄存器和配置寄存器

地址寄存器右移两位，若物理地址位宽小于 XLEN-2，则高位为 0。R、W 和 X 字段分别对应读、写和执行权限。A 字段用于设置相应 PMP 的地址匹配模式，L 字段用于锁定 PMP 和相应地址寄存器。

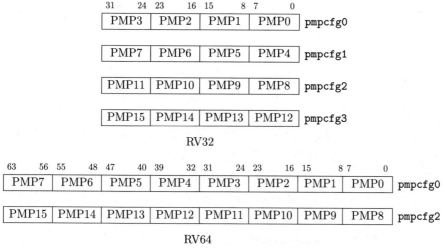

图 10.12　pmpcfg CSR 中 PMP 配置的布局

16 个配置寄存器在 RV32 中（图的上方）排列成 4 个 CSR，在 RV64 中（图的下方）则排列成 2 个偶数编号的 CSR。

PMP 配置由 R、W 和 X 位组成，分别对应取数、存数和取指权限。A 字段用于设置相应 PMP 的地址匹配模式，为 0 时禁用此 PMP，为 1 时启用。PMP 配置还支持其他模式和锁定功能，具体参见（Waterman et al. 2017）。

10.5　现代操作系统的监管模式

内存碎片问题指有可用内存，但无法分配足够大的连续块。

前文描述的 PMP 方案在相对较低的成本下实现了内存保护，因此很适合嵌入式系统。但也因若干缺点限制了其在通用计算场景中的使用。首先，PMP 支持的内存区域数量固定，无法扩展到更复杂的应用场景。其次，这些区域在物理内存中必须连续，可能使系统产生内存碎片问题。最后，PMP 不能有效支持外存的分页。

为解决上述问题，更复杂的 RISC-V 处理器采用几乎所有通用架构都采用的解决方案：页式虚拟内存。该特性是监管模式（S 模式）的核心。S 模式是一种可选的特权模式，旨在支持现代类 UNIX 操作系统，如 Linux、FreeBSD 和 Windows。S 模式的特权级高于 U 模式，但低于 M 模式。与 U 模式类似，S 模式软件不能使用 M 模式 CSR 和指令，且受限于 PMP。本节将介绍 S 模式的中断和异常，下一节将详细介绍 S 模式的虚拟内存系统。

为什么不无条件地将中断委托给 S 模式？一个原因是虚拟化：若 M 模式要虚拟一个 S 模式的设备，其中断应发送给 M 模式，而不是 S 模式。

无论位于何种特权模式，所有异常都默认将控制权转移到 M 模式的异常处理程序。但 UNIX 系统中大多数异常都应发送给 S 模式下的操作系统。M 模式的异常处理程序可将异常转发给 S 模式，但该额外操作会降低大多数异常的处理效率。因此，RISC-V 提供一种异常委托机制，用于有选择性地将中断和同步异常委托给 S 模式处理，从而完全绕过 M 模式软件。

mideleg（Machine Interrupt Delegation，机器中断委托）CSR 控制将哪些中断委托给 S 模式（见图 10.13）。与 mip 和 mie 类似，mideleg 的每一位对应图 10.3 中相应的异常号。例如，mideleg[5] 对应 S 模式时钟中断，若将其置 1，S 模式时钟中断会将控制权转移给 S 模式（而非 M 模式）的异常处理程序。

```
XLEN-1                                                    0
┌──────────────────────────────────────────────────────┐
│           异常委托寄存器 [m/s]edeleg                    │
├──────────────────────────────────────────────────────┤
│           中断委托寄存器 [m/s]ideleg                    │
└──────────────────────────────────────────────────────┘
                       XLEN
```

图 10.13　委托机制 CSR

M 模式和 S 模式的中断异常委托 CSR 包括 medeleg、sedeleg、mideleg 和 sideleg。它们能将中断异常委托给特权级更低的异常处理程序，其中每一位指代相应的异常或 [m/s]ip 中的中断。

S 模式软件可屏蔽任意委托给 S 模式的中断。sie（Supervisor Interrupt Enable）和 sip（Supervisor Interrupt Pending）是 S 模式的两个 CSR，它们分别是 mie 和 mip（见图 10.14）的子集。两者的布局与相应的 M 模式 CSR 相同，但只能读/写那些被 mideleg 委托的中断所关联的位，其他位恒为零。

S 模式不直接控制时钟中断和软件中断，而是使用 ecall 指令请求 M 模式设置定时器或代表它发送处理器间中断。此软件约定是监管程序二进制接口（Supervisor Binary Interface）的一部分。

XLEN-1 10	9	8	7 6	5	4	3 2	1	0
保留	SEIP	保留	保留	STIP	保留	保留	SSIP	保留
保留	SEIE	保留	保留	STIE	保留	保留	SSIE	保留
XLEN-10	1	1	2	1	1	2	1	1

图 10.14　S 模式中断 CSR

它们均为 XLEN 位的可读、可写寄存器，用于存放中断请求（sip）和中断使能位（sie）。

M 模式还能通过 medeleg CSR（见图 10.13）将同步异常委托给 S 模式。该机制与上文的中断委托类似，但 medeleg 的位对应图 10.3 中的同步异常号。例如，medeleg[15]= 1 将把存数页故障委托给 S 模式。

需要注意的是，无论如何配置委托 CSR，异常都不会将控制权转移给一个更低特权的模式。即，在 M 模式发生的异常总是在 M 模式中处理。对于在 S 模式发生的异常，根据委托 CSR 的配置，可能由 M 模式或 S 模式处理，但永远不会由 U 模式处理。

S 模式有若干与异常处理相关的 CSR：sepc、stvec、scause、sscratch、stval 和 sstatus，其功能与 10.3 节图 10.7 和图 10.8 所介绍的 M 模式 CSR 相同。图 10.15 为 sstatus 寄存器的布局。监管模式异常返回指令 sret 与 mret 的行为相同，但它会操作 S 模式的异常处理 CSR，而不是 M 模式的。

XLEN-1	XLEN-2		20	19	18	17
SD	保留		MXR	SUM	保留	
1	XLEN-21		1	1	1	

16 15	14 13	12 9	8	7 6	5	4	3 2	1	0
XS[1:0]	FS[1:0]	保留	SPP	保留	SPIE	UPIE	保留	SIE	UIE
2	2	4	1	2	1	1	2	1	1

图 10.15　sstatus CSR

sstatus 是 mstatus（见图 10.4）的子集，因此二者布局相似。其中 SIE 和 SPIE 字段分别存放当前和异常发生前的中断使能状态，类似于 mstatus 中的 MIE 和 MPIE。XLEN 在 RV32 中为 32，在 RV64 中为 64。〔此图源于（Waterman et al. 2017）的图 4.2；关于其他字段的说明，请参见该文档的 4.1 节〕

简洁

S 模式响应异常的具体行为也与 M 模式非常相似。若硬件线程响应异常并将其委托给 S 模式，则硬件会原子地进行如下状态转换，此时将使用 S 模式的 CSR，而不是 M 模式的：

- 将发生异常的指令 PC 存入 sepc，并将 PC 设为 stvec。
- 按图 10.3 将异常原因写入 scause，并将故障地址或其他异常相关信息字写入 stval。
- 将 sstatus.SIE 置零以屏蔽中断，并将 SIE 的旧值存放在 SPIE 中。
- 将异常发生前的特权模式存放在 sstatus.SPP 中，并将当前特权模式设为 S。

10.6 页式虚拟内存

从 IBM 360 67 号机开始，4 KiB 页已流行五十多年。 Atlas（第一台支持分页的计算机）支持 3 KiB 页（其字长为 6 字节）。值得注意的是，即使计算机性能和内存容量经过半个世纪的指数级增长，页大小也基本不变。

S 模式提供一种传统的虚拟内存系统，它将内存划分为固定大小的页以进行地址翻译和内存保护。当启用分页时，大多数地址（包括取数和存数的有效地址与 PC）都是虚拟地址，必须将其翻译成物理地址才能访问物理内存，翻译过程需要遍历一种称为页表的多叉树。页表的叶节点指示虚拟地址是否已被映射到一个物理页，若是，则该叶节点还额外指示可访问该页的特权模式和访问类型。访问未映射页或特权不足将触发页故障异常（page fault exception）。

RISC-V 的分页方案以 SvX 的方式命名，其中 X 为虚拟地址的位宽。RV32 的分页方案 Sv32 支持 4 GiB 的虚拟地址空间，该空间被划分为 2^{10} 个 4 MiB 的兆页，每个兆页被进一步划分为 2^{10} 个 4 KiB 的基页，即分页机制的基本单位。因此，Sv32 的页表结构是一棵两层的 2^{10} 叉树。页表的每一项是 4 字节，故页表本身的大小为 4 KiB。页表的大小正好是一个页，这并非巧合，而是为了简化操作系统的内存分配机制。

图 10.16 给出了 Sv32 PTE（page-table entry，页表项）的布局，从右至左分别包含如下字段：

- V 位表示该 PTE 的其余字段是否有效（V=1 时有效）。若 V=0，则遍历到此 PTE 的虚拟地址翻译过程将触发页故障。
- R、W、X 位分别表示该页是否可读、可写、可执行。若这三位均为 0，则该 PTE 指向下一级页表，否则为叶节点。

- U 位表示该页是否为用户页。若 U=0，则 U 模式不能访问该页，但 S 模式能。若 U=1，则 U 模式能访问该页，但 S 模式不能。

- G 位表示该映射是否存在于所有虚拟地址空间，借助该信息，硬件可提升地址翻译的性能。G 位通常只用于那些属于操作系统的页。

- A 位表示自从上次清除 A 位以来，该页是否被访问过。

- D 位表示自从上次清除 D 位以来，该页是否被写入过。

- RSW 字段被保留给操作系统使用，硬件将忽略该字段。

- PPN 字段存放物理页号，是物理地址的一部分。若该 PTE 为叶节点，则 PPN 将作为翻译后物理地址的一部分；否则，PPN 将作为下一级页表的地址（在图 10.16 中，将 PPN 划分为两个部分，以简化地址翻译算法的描述）。

操作系统（OS）通过 A 位和 D 位决定将哪些页交换到外存。定期清除 A 位有助于 OS 判断哪些页最近最少使用。D=1 表示换出该页的成本更高，因为 OS 必须将其写回外存。

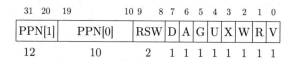

图 10.16 一个 RV32 Sv32 页表项（PTE）

RV64 支持多种分页方案，最常用的是 Sv39。与 Sv32 相同，Sv39 也使用 4 KiB 基页。PTE 的大小变成两倍（8 字节），故能容纳更长的物理地址。为使页表和页的大小保持一致，树的分叉数量降到 2^9，但变为三层。Sv39 的 512 GiB 地址空间被划分为 2^9 个 1 GiB 的吉页，每个吉页被进一步划分为 2^9 个 2 MiB 的兆页，略小于 Sv32 的兆页。每个兆页被进一步划分为 2^9 个 4 KiB 的基页。

图 10.17 给出了 Sv39 PTE 的布局。它与 Sv32 PTE 完全相同，除了 PPN 字段被扩展到 44 位，以支持 56 位的物理地址，即 2^{26} GiB 的物理地址空间。

RV64 的其他分页方案仅仅增加了页表的级数。Sv48 与 Sv39 几乎相同，但其虚拟地址空间大 2^9 倍，页表也多一级[1]。

63	54 53	28 27	19 18	10 9	8 7 6 5 4 3 2 1 0
保留	PPN[2]	PPN[1]	PPN[0]	RSW	D A G U X W R V
10	26	9	9	2	1 1 1 1 1 1 1 1

图 10.17 一个 RV64 Sv39 页表项（PTE）

---

[1]译者注：Sv57 已于 2021 年 10 月正式发布。

补充说明：未被使用的地址位

由于 Sv39 虚拟地址的位宽比 RV64 整数寄存器的位宽短，你可能会好奇剩余的 25 位如何处理。Sv39 要求地址的第 63~39 位与第 38 位一致，因此合法的虚拟地址空间包括 0000_0000_0000_0000$_{hex}$~0000_003f_ffff_ffff$_{hex}$ 和 ffff_ffc0_0000_0000$_{hex}$~ffff_ffff_ffff_ffff$_{hex}$。这两个区间的间隔比二者大小之和要大 2^{25} 倍，看上去似乎浪费了 64 位寄存器可寻址范围的 99.999997%。为何不充分利用这额外的 25 位？答案是，当程序增长到需要超过 512 GiB 的虚拟地址空间时，架构师希望在保持向过去兼容的前提下增加地址空间。如果我们允许程序在高 25 位中存放其他数据，以后将无法回收这些位来支持更长的地址。允许在未使用的地址位中存放数据是一个严重的错误，但这类错误已在计算机历史上多次发生。

分页机制由一个名为 satp（Supervisor Address Translation and Protection，监管模式地址翻译和保护）的 S 模式 CSR 控制。如图 10.18 所示，satp 有 3 个字段。其中，MODE 字段用于开启分页并选择页表级数，其编码如图 10.19 所示；ASID（Address Space Identifier，地址空间标识）字段是可选的，可用于降低上下文切换的开销；PPN 字段以 4 KiB 页为单位存放根页表的物理页号。通常，M 模式软件在第一次进入 S 模式前会将 satp 清零以关闭分页，然后 S 模式软件在创建页表后将正确设置 satp 寄存器。

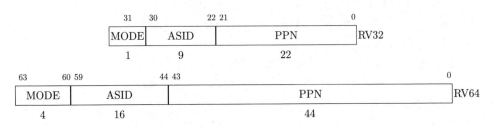

图 10.18 satp CSR

〔此图源于（Waterman et al. 2017）的图 4.11 和图 4.12〕

RV32		
值	名称	描述
0	Bare	关闭翻译和保护
1	Sv32	32 位页式虚拟地址

RV64		
值	名称	描述
0	Bare	关闭翻译和保护
8	Sv39	39 位页式虚拟地址
9	Sv48	48 位页式虚拟地址

图 10.19 **satp.MODE** 的编码

〔此图源于（Waterman et al. 2017）的表 4.3〕

satp 寄存器启用分页时，处理器将从根部遍历页表，将 S 模式和 U 模式的虚拟地址翻译为物理地址。该过程如图 10.20 所示。

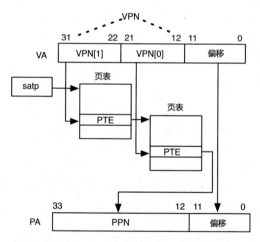

图 10.20 Sv32 地址翻译过程示意图

1. satp.PPN 给出一级页表的基地址，VA[31:22] 给出一级索引，因此处理器将读取位于地址（satp.PPN×4096 + VA[31:22]×4）的 PTE。

2. 该 PTE 包含二级页表的基地址，VA[21:12] 给出二级索引，因此处理器将读取位于地址（PTE.PPN×4096 + VA[21:12]×4）的叶子 PTE。

3. 叶子 PTE 的 PPN 字段和页内偏移（原始虚拟地址的低 12 位）组成最终的物理地址，即（LeafPTE.PPN×4096 + VA[11:0]）。

随后处理器将访问物理内存。Sv39 的翻译过程和 Sv32 的几乎相同，区别在于其 PTE 更长，且多一级间接索引。图 10.21 给出了页表遍历算法的完整描述，详细说明异常条件和大页翻译的特殊情况。

1. 设 a 为 **satp**.ppn × PAGESIZE，并设 i = LEVELS − 1。
2. 令 pte 为地址 $a + va.vpn[i]$ × PTESIZE 处 PTE 的值。
3. 若 $pte.v = 0$，或 $pte.r = 0$ 且 $pte.w = 1$，则抛出页故障异常。
4. 否则，说明 PTE 有效。若 $pte.r = 1$ 或 $pte.x = 1$，则跳转到第 5 步。否则，该 PTE 指向下一级页表。令 $i = i−1$。若 $i < 0$，则抛出页故障异常。否则，令 $a = pte.ppn$ × PAGESIZE，跳转到第 2 步。
5. 找到一个叶子 PTE。根据 $pte.r$、$pte.w$、$pte.x$ 和 $pte.u$，并结合当前特权模式及 **mstatus** 的 SUM 和 MXR 字段，检查所请求的内存访问有无权限。若无，则抛出页故障异常。
6. 若 $i > 0$ 且 $pa.ppn[i − 1 : 0] \neq 0$，则说明这是一个不对齐的大页，抛出页故障异常。
7. 若 $pte.a = 0$，或内存访问是写操作且 $pte.d = 0$，则进行以下其中一项操作：
   - 抛出页故障异常。
   - 将 $pte.a$ 置 1，且若内存访问是写操作，则同时将 $pte.d$ 置 1。
8. 地址翻译成功。翻译后的物理地址如下：
   - $pa.pgoff = va.pgoff$。
   - 若 $i > 0$，则为大页翻译，此时 $pa.ppn[i−1 : 0] = va.vpn[i−1 : 0]$。
   - $pa.ppn[\text{LEVELS} − 1 : i] = pte.ppn[\text{LEVELS} − 1 : i]$。

图 10.21 将虚拟地址翻译到物理地址的完整算法

va 是输入的虚拟地址，pa 是输出的物理地址。PAGESIZE 是常数 2^{12}。在 Sv32 中，LEVELS=2 且 PTESIZE=4；而在 Sv39 中，LEVELS=3 且 PTESIZE=8。〔此图源于（Waterman et al. 2017）的 4.3.2 节〕

成本

上文几乎涵盖了 RISC-V 分页机制的所有内容，但还剩一点需要强调。若所有取指、读数和存数的操作均引入多次页表访问，则分页将大幅降低性能！所有现代处理器都用一个地址翻译缓存〔通常称为 TLB（Translation Lookaside Buffer，转译后备缓冲器）〕来降低上述开销。为降低 TLB 本身的开销，大多数处理器并不自动维护它与页表的一致性，即：若操作系统修改页表，则 TLB 的内容将过时。为解决这一问题，S 模式添加了另一条指令 `sfence.vma` 通知处理器软件可能已修改页表，故处理器可相应地冲刷 TLB。该指令有两个可选参数，用于指定刷新 TLB 的范围：rs1 指示软件修改了页表中的哪个虚拟地址翻译结果，rs2 指示被修改页表对应进程的地址空间标识（ASID）。若二者均为 x0，处理器将冲刷整个 TLB。

> **补充说明：多处理器的 TLB 一致性**
>
> `sfence.vma` 仅影响执行该指令的硬件线程的地址翻译部件。当一个硬件线程修改了另一个硬件线程正在使用的页表时，前者必须用处理器间中断通知后者执行 `sfence.vma` 指令。此过程通常被称为 TLB 击落。

10.7 标识和性能 CSR

剩余 CSR 用于标识处理器特性或测量性能。标识 CSR 包括：

- `misa`（机器指令集架构）CSR 给出处理器地址位宽（32 位、64 位或 128 位），并指示处理器支持的扩展（见图 10.22）。

XLEN-1 XLEN-2	XLEN-3 26 25	0
MXL[1:0]	0	Extensions[25:0]
2	XLEN-28	26

图 10.22 `misa` CSR 给出处理器支持的指令集

MXL（Machine XLEN）字段编码了原生基础整数指令集的位宽：1 表示 32 位，2 表示 64 位，3 表示 128 位。Extensions 字段通过字母编码了处理器支持的标准扩展（第 0 位表示支持"A"扩展，第 1 位表示支持"B"扩展……第 25 位表示支持"Z"扩展）。

- `mvendorid`（厂商识别码）CSR 给出处理器核供应商的 JEDEC 标准制造商识别码（见图 10.23）。

XLEN-1		7 6 0
制造商识别码寄存器 (mvendorid)		Offset
XLEN-7		7

图 10.23 mvendorid CSR 给出处理器核供应商的 JEDEC 标准制造商识别码

- marchid（机器架构识别码）CSR 给出基础微架构。将 mvendorid 和 marchid 组合可唯一识别所实现的微架构（见图 10.24）。
- mimpid（机器实现识别码）CSR 给出 marchid 所示基础微架构的实现版本（见图 10.24）。
- mhartid（硬件线程识别码）CSR 给出正在运行的硬件线程编号（见图 10.24）。

XLEN-1	0
机器架构识别码寄存器 marchid	
机器实现识别码寄存器 mimpid	
机器硬件线程识别码寄存器 mhartid	
XLEN	

图 10.24 机器识别码 CSR（marchid、mimpid 和 mhartid）标识了处理器的微架构和实现版本，以及正在运行的硬件线程编号

有关性能测量的 CSR 包括：
- mtime（机器时间）CSR 是一个 64 位实时计数器（见图 10.25）。
- mtimecmp（机器时间比较器）CSR，当 mtime 大于或等于它时触发中断（见图 10.25）。

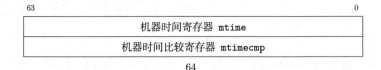

63	0
机器时间寄存器 mtime	
机器时间比较寄存器 mtimecmp	
64	

图 10.25 机器时间 CSR（mtime 和 mtimecmp）用于测量时间，并在 mtime ⩾ mtimecmp 时触发中断

- 32 位 M 模式和 S 模式计数器使能 CSR（mcounteren 和 scounteren），用于控制硬件性能监视器 CSR 是否在更低特权级下可用（见图 10.26）。

图 10.26 计数器使能寄存器 mcounteren 和 scounteren 控制硬件性能监视计数器是否在更低特权级下可用

- 31 个硬件性能监视器 CSR（mcycle、minstret、mhpm-counter3～mhpmcounter31），对时钟周期、已执行指令以及软件指定的最多 29 个事件（通过 mhpmevent3～mhpmevent31 指定）进行计数（见图 10.27）。

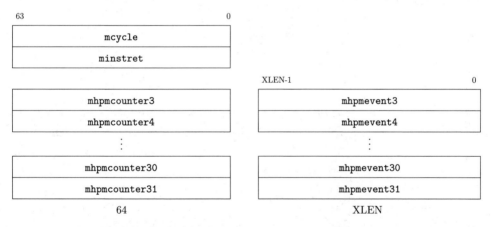

图 10.27 硬件性能监视器 CSR（mcycle、minstret、mhpmcounter3～mhpmcounter31）和相应的测量事件 mhpmevent3～mhpmevent31

与 RV64 不同，在 RV32 中读取 mcycle、minstret 和 mhpmcounter$n$ CSR 将返回相应计数器的低 32 位，而读取 mcycleh、minstreth 和 mhpmcounter$n$h CSR 将返回相应计数器的第 63～32 位。

10.8　结语

> 　　一项又一项的研究表明，最优秀的设计师能更轻松地设计出更快、更小、更简洁、更明了的结构。伟大和平凡之间相差近一个数量级。
>
> 　　——弗雷德·布鲁克斯（Fred Brooks, Jr.），1986 年
> 布鲁克斯是图灵奖得主，也是 IBM System/360 系列计算机的架构师，该系列计算机展示了架构和实现分离的重要性。该架构诞生于 1964 年，其后代至今仍在销售。

简洁

易于编程/编译/链接

　　RISC-V 特权架构的模块化特性满足各种系统的需求。极简风格的机器模式低成本地支持裸机嵌入式应用。额外支持用户模式和物理内存保护（PMP）的特性可在更复杂的嵌入式系统中实现多任务处理。最后，支持监管模式和页式虚拟内存则可灵活地运行现代操作系统。

10.9　扩展阅读

WATERMAN A, ASANOVIĆ K. The RISC-V instruction set manual volume II: Privileged architecture version 1.10[M/OL]. RISC-V Foundation, 2017. https:// riscv.org/ specifications/ privileged-isa/.

第11章

未来的RISC-V 可选扩展

对于复杂性，傻瓜选择无视，实用主义者选择忍受，有的人选择规避，天才则选择消除它。

——艾伦·佩利（Alan Perlis），1982 年

艾伦·佩利（1922—
1990）因在高级编程语
言和编译器领域的贡献
而成为第一位图灵奖得
主（1966 年）。1958 年
参与设计 ALGOL，它影
响了包括 C 和 Java 在
内的几乎所有命令式编
程语言。

RISC-V 国际基金会将持续完善至少 8 种可选扩展。

11.1　"B"标准扩展：位操作

B 扩展[1]提供位操作，包括位字段的插入、提取和测试；循环移位；漏斗移位[2]；位和字节的排列；计算前导零和尾随零；计算置 1 的位数。

11.2　"E"标准扩展：嵌入式

为降低低端核心的开销，RV32E[3]减少了 16 个寄存器。正是考虑到 RV32E，保存寄存器和临时寄存器均被拆分为 0~15 号和 16~31 号两部分（见图 3.2）。

11.3　"H"特权态架构扩展：支持虚拟机管理器（Hypervisor）

性能

H 扩展[4]向特权态架构添加超监管模式和第二级页式地址翻译机制，以提升多个操作系统同时在一台计算机上运行的效率。

11.4　"J"标准扩展：动态翻译语言

性能

包括 Java 和 JavaScript 在内的很多主流语言通常基于动态翻译实现。若 ISA 额外为动态检查和垃圾回收提供支持，则可提

---

[1]译者注：B 扩展已于 2021 年 11 月通过审核，具体见"链接 1"。
[2]译者注：将两个 n 位数据拼接后，选择其中任意连续的 n 位作为结果。
[3]译者注：E 扩展已于 2023 年 1 月冻结。
[4]译者注：H 扩展已于 2021 年 9 月冻结。

升这些语言的运行效率。〔J 表示即时（Just-In-Time）编译〕

11.5 "L" 标准扩展：十进制浮点

L 扩展的设计目标是支持 IEEE 754—2019 标准所定义的十进制浮点算术运算。二进制数的一个问题是无法表示一些常用的十进制小数，如 0.1。RV32L 的初衷是让计算和输入/输出具有相同的基数。

易于编程/编译/链接

11.6 "N" 标准扩展：用户态中断

N 扩展允许在用户态程序中发生中断和异常后，无须外部执行环境介入，即可将控制权直接转移到用户态处理程序。用户态中断主要用于仅支持 M 模式和 U 模式的安全嵌入式系统（见第 10 章），但也能借助它在类 UNIX 操作系统中实现用户态的中断和异常处理。在 UNIX 环境中使用 N 扩展时，仍可保留传统的信号处理机制，但对于触发用户态事件的扩展功能，则可基于用户态中断实现。一些例子包括垃圾回收屏障[1]、整数溢出、浮点自陷。

简洁

架构和实现分离

11.7 "P" 标准扩展：紧缩 SIMD 指令

P 扩展进一步细分现有的体系结构寄存器，以实现更小数据类型的数据级并行计算。要复用现有的数据通路资源，紧缩（packed）SIMD 是一种合理的设计。但若能投入大量资源来提升数据级并行度，第 8 章介绍的向量架构将是更好的选择，此时架构师应使用 RVV 扩展。

性能

---

[1]译者注：一种在垃圾回收机制中高效维护元数据的方法。

11.8　"Q"标准扩展：四倍精度浮点

Q 扩展[1]添加了符合 IEEE 754—2019 标准的 128 位四倍精度二进制浮点指令。扩展后的浮点寄存器可存储一个单精度、双精度或四倍精度的浮点数。Q 扩展需要先支持 RV64IFD。

11.9　结语

简化，再简化。

——亨利·大卫·梭罗（Henry David Thoreau），
19 世纪著名作家，1854 年

提升空间

通过开放标准委员会的方式发展 RISC-V，将有希望在指令标准冻结之前（而非之后）收到反馈并深入讨论，否则进一步的修改将为时已晚。在理想情况下，一些成员会在提案冻结前通过 FPGA 轻松地实现它。通过 RISC-V 国际基金会提出指令扩展需要开展大量工作，使指令集的变化不会像 x86-32 那样过于频繁（见第 1 章第 4 页图 1.2）。值得注意的是，不管基金会通过多少种指令集扩展，本章所述内容都是可选的。

优雅

我们希望 RISC-V 不仅作为一款简洁高效的 ISA，而且可以跟随技术需求向前演化。若 RISC-V 成功了，它将是有别于过去增量型 ISA 的一次革命性突破。

---

[1]译者注：Q 扩展已于 2014 年 5 月冻结。

附录 A

RISC-V 指令列表

简洁是一切真正优雅的核心。

——可可·香奈儿（Coco Chanel），1923 年

可可·香奈儿（1883—1971）是香奈儿时装品牌的创始人，她对昂贵而简洁的追求塑造了 20 世纪的时尚。

　　本附录列出了 RV32/64I 的所有指令、本书中涵盖的除 RVV 以外的所有扩展（RVM、RVA、RVF、RVD 和 RVC），以及所有伪指令。每个条目都包括指令名称、操作数、寄存器传输级定义、指令格式类型、功能描述、压缩版本（若有），以及一张带操作码的指令编码示意图。我们认为这些简洁摘要可帮助你了解所有指令。若你想了解更多细节，请参阅 RISC-V 官方规范手册[1]。

　　为帮助读者在本附录中找到所需指令，偶数页的页眉包含该页顶部的第一条指令，奇数页的页眉包含该页底部的最后一条指令。此格式类似于字典的页眉，有助于你查找字所在页面。例如，下一个偶数页的页眉是 **AMOADD.W**，这是该页的第一条指令；紧接其后的奇数页的页眉是 **AMOMINU.D**，这是该页的最后一条指令。在这两页中你能找到的指令如下：amoadd.w、amoand.d、amoand.w、amomax.d、amomax.w、amomaxu.d、amomaxu.w、amomin.d、amomin.w 和 amominu.d。

---

[1]WATERMAN A, ASANOVIĆ K. The RISC-V instruction set manual volume II: Privileged architecture version 1.10[M/OL]. RISC-V Foundation, 2017. https://riscv.org/specifications/privileged-isa/.

add rd, rs1, rs2   x[rd] = x[rs1] + x[rs2]

加。R 型，在 RV32I 和 RV64I 中。

将 x[*rs2*] 与 x[*rs1*] 相加，结果写入 x[*rd*]。忽略算术溢出。

压缩形式: **c.add** rd, rs2; **c.mv** rd, rs2

31	25 24	20 19	15 14	12 11	7 6	0
0000000	rs2	rs1	000	rd	0110011	

addi rd, rs1, immediate   x[rd] = x[rs1] + sext(immediate)

加立即数。I 型，在 RV32I 和 RV64I 中。

对 *immediate* 符号扩展后与 x[*rs1*] 相加，结果写入 x[*rd*]。忽略算术溢出。

压缩形式: **c.li** rd, imm; **c.addi** rd, imm; **c.addi16sp** imm; **c.addi4spn** rd, imm

31	20 19	15 14	12 11	7 6	0
immediate[11:0]	rs1	000	rd	0010011	

addiw rd, rs1, immediate   x[rd] = sext((x[rs1] + sext(immediate))[31:0])

加 immediate。I 型，仅在 RV64I 中。

对 *immediate* 符号扩展后与 x[*rs1*] 相加，结果截为 32 位，符号扩展后写入 x[*rd*]。忽略算术溢出。

压缩形式: **c.addiw** rd, imm

31	20 19	15 14	12 11	7 6	0
immediate[11:0]	rs1	000	rd	0011011	

addw rd, rs1, rs2   x[rd] = sext((x[rs1] + x[rs2])[31:0])

加字。R 型，仅在 RV64I 中。

将 x[*rs2*] 与 x[*rs1*] 相加，结果截为 32 位，符号扩展后写入 x[*rd*]。忽略算术溢出。

压缩形式: **c.addw** rd, rs2

31	25 24	20 19	15 14	12 11	7 6	0
0000000	rs2	rs1	000	rd	0111011	

amoadd.d rd, rs2, (rs1)   x[rd] = AMO64(M[x[rs1]] + x[rs2])

原子加双字。R 型，仅在 RV64A 中。

进行如下原子操作: 将内存地址为 x[*rs1*] 的双字记为 *t*，将 *t* + x[*rs2*] 写入该地址，并将 *t* 写入 x[*rd*]。

31	27 26	25 24	20 19	15 14	12 11	7 6	0
00000	aq	rl	rs2	rs1	011	rd	0101111

amoadd.w rd, rs2, (rs1)   x[rd] = AMO32(M[x[rs1]] + x[rs2])

原子加字。R 型，在 RV32A 和 RV64A 中。

进行如下原子操作：将内存地址为 x[*rs1*] 的字记为 t，将 t + x[*rs2*] 写入该地址，并将 t 的符号扩展结果写入 x[*rd*]。

31		27 26	25	24		20 19		15 14		12 11		7 6		0
00000			aq	rl		rs2		rs1		010		rd		0101111

amoand.d rd, rs2, (rs1)   x[rd] = AMO64(M[x[rs1]] & x[rs2])

原子与双字。R 型，仅在 RV64A 中。

进行如下原子操作：将内存地址为 x[*rs1*] 的双字记为 t，将 t 和 x[*rs2*] 的按位与结果写入该地址，并将 t 写入 x[*rd*]。

31		27 26	25	24		20 19		15 14		12 11		7 6		0
01100			aq	rl		rs2		rs1		011		rd		0101111

amoand.w rd, rs2, (rs1)   x[rd] = AMO32(M[x[rs1]] & x[rs2])

原子与字。R 型，在 RV32A 和 RV64A 中。

进行如下原子操作：将内存地址为 x[*rs1*] 的字记为 t，将 t 和 x[*rs2*] 的按位与结果写入该地址，并将 t 的符号扩展结果写入 x[*rd*]。

31		27 26	25	24		20 19		15 14		12 11		7 6		0
01100			aq	rl		rs2		rs1		010		rd		0101111

amomax.d rd, rs2, (rs1)   x[rd] = AMO64(M[x[rs1]] MAX x[rs2])

原子最大双字。R 型，仅在 RV64A 中。

进行如下原子操作：将内存地址为 x[*rs1*] 的双字记为 t，将 t 和 x[*rs2*] 中较大者（补码比较）写入该地址，并将 t 写入 x[*rd*]。

31		27 26	25	24		20 19		15 14		12 11		7 6		0
10100			aq	rl		rs2		rs1		011		rd		0101111

amomax.w rd, rs2, (rs1)   x[rd] = AMO32(M[x[rs1]] MAX x[rs2])

原子最大字。R 型，在 RV32A 和 RV64A 中。

进行如下原子操作：将内存地址为 x[*rs1*] 的字记为 t，将 t 和 x[*rs2*] 中较大者（补码比较）写入该地址，并将 t 的符号扩展结果写入 x[*rd*]。

31		27 26	25	24		20 19		15 14		12 11		7 6		0
10100			aq	rl		rs2		rs1		010		rd		0101111

amomaxu.d rd, rs2, (rs1)　　　x[rd] = AMO64(M[x[rs1]] MAXU x[rs2])

原子无符号最大双字。R 型，仅在 RV64A 中。

进行如下原子操作：将内存地址为 x[*rs1*] 的双字记为 *t*，将 *t* 和 x[*rs2*] 中较大者（无符号比较）写入该地址，并将 *t* 写入 x[*rd*]。

31　　　27	26	25	24　　　20	19　　　15	14　　12	11　　　7	6　　　　0
11100	aq	rl	rs2	rs1	011	rd	0101111

amomaxu.w rd, rs2, (rs1)　　　x[rd] = AMO32(M[x[rs1]] MAXU x[rs2])

原子无符号最大字。R 型，在 RV32A 和 RV64A 中。

进行如下原子操作：将内存地址为 x[*rs1*] 的字记为 *t*，将 *t* 和 x[*rs2*] 中较大者（无符号比较）写入该地址，并将 *t* 的符号扩展结果写入 x[*rd*]。

31　　　27	26	25	24　　　20	19　　　15	14　　12	11　　　7	6　　　　0
11100	aq	rl	rs2	rs1	010	rd	0101111

amomin.d rd, rs2, (rs1)　　　x[rd] = AMO64(M[x[rs1]] MIN x[rs2])

原子最小双字。R 型，仅在 RV64A 中。

进行如下原子操作：将内存地址为 x[*rs1*] 的双字记为 *t*，将 *t* 和 x[*rs2*] 中较小者（补码比较）写入该地址，并将 *t* 写入 x[*rd*]。

31　　　27	26	25	24　　　20	19　　　15	14　　12	11　　　7	6　　　　0
10000	aq	rl	rs2	rs1	011	rd	0101111

amomin.w rd, rs2, (rs1)　　　x[rd] = AMO32(M[x[rs1]] MIN x[rs2])

原子最小字。R 型，在 RV32A 和 RV64A 中。

进行如下原子操作：将内存地址为 x[*rs1*] 的字记为 *t*，将 *t* 和 x[*rs2*] 中较小者（补码比较）写入该地址，并将 *t* 的符号扩展结果写入 x[*rd*]。

31　　　27	26	25	24　　　20	19　　　15	14　　12	11　　　7	6　　　　0
10000	aq	rl	rs2	rs1	010	rd	0101111

amominu.d rd, rs2, (rs1)　　　x[rd] = AMO64(M[x[rs1]] MINU x[rs2])

原子无符号最小双字。R 型，仅在 RV64A 中。

进行如下原子操作：将内存地址为 x[*rs1*] 的双字记为 *t*，将 *t* 和 x[*rs2*] 中较小者（无符号比较）写入该地址，并将 *t* 写入 x[*rd*]。

31　　　27	26	25	24　　　20	19　　　15	14　　12	11　　　7	6　　　　0
11000	aq	rl	rs2	rs1	011	rd	0101111

amominu.w rd, rs2, (rs1)   x[rd] = AMO32(M[x[rs1]] MINU x[rs2])

原子无符号最小字。R 型，在 RV32A 和 RV64A 中。

进行如下原子操作：将内存地址为 x[*rs1*] 的字记为 *t*，将 *t* 和 x[*rs2*] 中较小者（无符号比较）
写入该地址，并将 *t* 的符号扩展结果写入 x[*rd*]。

31	27 26	25	24	20 19	15 14	12 11	7 6	0
11000	aq	rl	rs2	rs1	010	rd	0101111	

amoor.d rd, rs2, (rs1)   x[rd] = AMO64(M[x[rs1]] | x[rs2])

原子或双字。R 型，仅在 RV64A 中。

进行如下原子操作：将内存地址为 x[*rs1*] 的双字记为 *t*，将 *t* 和 x[*rs2*] 的按位或结果写入该地
址，并将 *t* 写入 x[*rd*]。

31	27 26	25	24	20 19	15 14	12 11	7 6	0
01000	aq	rl	rs2	rs1	011	rd	0101111	

amoor.w rd, rs2, (rs1)   x[rd] = AMO32(M[x[rs1]] | x[rs2])

原子或字。R 型，在 RV32A 和 RV64A 中。

进行如下原子操作：将内存地址为 x[*rs1*] 的字记为 *t*，将 *t* 和 x[*rs2*] 的按位或结果写入该地址，
并将 *t* 的符号扩展结果写入 x[*rd*]。

31	27 26	25	24	20 19	15 14	12 11	7 6	0
01000	aq	rl	rs2	rs1	010	rd	0101111	

amoswap.d rd, rs2, (rs1)   x[rd] = AMO64(M[x[rs1]] SWAP x[rs2])

原子交换双字。R 型，仅在 RV64A 中。

进行如下原子操作：将内存地址为 x[*rs1*] 的双字记为 *t*，将 x[*rs2*] 写入该地址，并将 *t* 写入
x[*rd*]。

31	27 26	25	24	20 19	15 14	12 11	7 6	0
00001	aq	rl	rs2	rs1	011	rd	0101111	

amoswap.w rd, rs2, (rs1)   x[rd] = AMO32(M[x[rs1]] SWAP x[rs2])

原子交换字。R 型，在 RV32A 和 RV64A 中。

进行如下原子操作：将内存地址为 x[*rs1*] 的字记为 *t*，将 x[*rs2*] 写入该地址，并将 *t* 的符号扩
展结果写入 x[*rd*]。

31	27 26	25	24	20 19	15 14	12 11	7 6	0
00001	aq	rl	rs2	rs1	010	rd	0101111	

amoxor.d rd, rs2, (rs1)　　　　　x[rd] = AMO64(M[x[rs1]] ^ x[rs2])

原子异或双字。R 型，仅在 RV64A 中。

进行如下原子操作：将内存地址为 x[*rs1*] 的双字记为 *t*，将 *t* 和 x[*rs2*] 的按位异或结果写入该地址，并将 *t* 写入 x[*rd*]。

31	27 26	25	24	20 19	15 14	12 11	7 6	0
00100	aq	rl	rs2	rs1	011	rd	0101111	

amoxor.w rd, rs2, (rs1)　　　　　x[rd] = AMO32(M[x[rs1]] ^ x[rs2])

原子异或字。R 型，在 RV32A 和 RV64A 中。

进行如下原子操作：将内存地址为 x[*rs1*] 的字记为 *t*，将 *t* 和 x[*rs2*] 的按位异或结果写入该地址，并将 *t* 的符号扩展结果写入 x[*rd*]。

31	27 26	25	24	20 19	15 14	12 11	7 6	0
00100	aq	rl	rs2	rs1	010	rd	0101111	

and rd, rs1, rs2　　　　　　　　　x[rd] = x[rs1] & x[rs2]

与。R 型，在 RV32I 和 RV64I 中。

将 x[*rs1*] 和 x[*rs2*] 的按位与结果写入 x[*rd*]。

压缩形式：**c.and** rd, rs2

31	25 24	20 19	15 14	12 11	7 6	0
0000000	rs2	rs1	111	rd	0110011	

andi rd, rs1, immediate　　　　　x[rd] = x[rs1] & sext(immediate)

与立即数。I 型，在 RV32I 和 RV64I 中。

对 *immediate* 符号扩展后和 x[*rs1*] 进行按位与，结果写入 x[*rd*]。

压缩形式：**c.andi** rd, imm

31	20 19	15 14	12 11	7 6	0
immediate[11:0]	rs1	111	rd	0010011	

auipc rd, immediate　　　　x[rd] = pc + sext(immediate[31:12] << 12)

PC 加高位立即数。U 型，在 RV32I 和 RV64I 中。

对 20 位 *immediate* 符号扩展后左移 12 位，与 *pc* 相加，结果写入 x[*rd*]。

31	12 11	7 6	0
immediate[31:12]	rd	0010111	

beq rs1, rs2, offset

if (rs1 == rs2) pc += sext(offset)

相等时分支。B 型，在 RV32I 和 RV64I 中。

若 x[*rs1*] 和 x[*rs2*] 相等，将 *pc* 设为当前 *pc* 加上符号扩展后的 *offset*。

压缩形式：**c.beqz** rs1, offset

31	25	24	20	19	15	14	12	11	7	6	0
offset[12|10:5]		rs2		rs1		000		offset[4:1|11]		1100011	

beqz rs1, offset

if (rs1 == 0) pc += sext(offset)

等于零时分支。伪指令，在 RV32I 和 RV64I 中。

展开为 **beq** rs1, x0, offset。

bge rs1, rs2, offset

if (rs1 $\geqslant_s$ rs2) pc += sext(offset)

大于或等于时分支。B 型，在 RV32I 和 RV64I 中。

若 x[*rs1*] 大于或等于 x[*rs2*]（补码比较），将 *pc* 设为当前 *pc* 加上符号扩展后的 *offset*。

31	25	24	20	19	15	14	12	11	7	6	0
offset[12|10:5]		rs2		rs1		101		offset[4:1|11]		1100011	

bgeu rs1, rs2, offset

if (rs1 $\geqslant_u$ rs2) pc += sext(offset)

无符号大于或等于时分支。B 型，在 RV32I 和 RV64I 中。

若 x[*rs1*] 大于或等于 x[*rs2*]（无符号比较），将 *pc* 设为当前 *pc* 加上符号扩展后的 *offset*。

31	25	24	20	19	15	14	12	11	7	6	0
offset[12|10:5]		rs2		rs1		111		offset[4:1|11]		1100011	

bgez rs1, offset

if (rs1 $\geqslant_s$ 0) pc += sext(offset)

大于或等于零时分支。伪指令，在 RV32I 和 RV64I 中。

展开为 **bge** rs1, x0, offset。

bgt rs1, rs2, offset

if (rs1 $>_s$ rs2) pc += sext(offset)

大于时分支。伪指令，在 RV32I 和 RV64I 中。

展开为 **blt** rs2, rs1, offset。

bgtu rs1, rs2, offset

if (rs1 $>_u$ rs2) pc += sext(offset)

无符号大于时分支。伪指令，在 RV32I 和 RV64I 中。

展开为 **bltu** rs2, rs1, offset。

bgtz rs2, offset

if (rs2 $>_s$ 0) pc += sext(offset)

大于零时分支。伪指令，在 RV32I 和 RV64I 中。

展开为 **blt** x0, rs2, offset。

---

ble rs1, rs2, offset

if (rs1 $\leqslant_s$ rs2) pc += sext(offset)

小于或等于时分支。伪指令，在 RV32I 和 RV64I 中。

展开为 **bge** rs2, rs1, offset。

---

bleu rs1, rs2, offset

if (rs1 $\leqslant_u$ rs2) pc += sext(offset)

无符号小于或等于时分支。伪指令，在 RV32I 和 RV64I 中。

展开为 **bgeu** rs2, rs1, offset。

---

blez rs2, offset

if (rs2 $\leqslant_s$ 0) pc += sext(offset)

小于或等于零时分支。伪指令，在 RV32I 和 RV64I 中。

展开为 **bge** x0, rs2, offset。

---

blt rs1, rs2, offset

if (rs1 $<_s$ rs2) pc += sext(offset)

小于时分支。B 型，在 RV32I 和 RV64I 中。

若 x[$rs1$] 小于 x[$rs2$]（补码比较），将 pc 设为当前 pc 加上符号扩展后的 $offset$。

31　　　　　　　25	24　　　　　20	19　　　　　15	14　　12	11　　　　　7	6　　　　　　　　0
offset[12|10:5]	rs2	rs1	100	offset[4:1|11]	1100011

---

bltu rs1, rs2, offset

if (rs1 $<_u$ rs2) pc += sext(offset)

无符号小于时分支。B 型，在 RV32I 和 RV64I 中。

若 x[$rs1$] 小于 x[$rs2$]（无符号比较），将 pc 设为当前 pc 加上符号扩展后的 $offset$。

31　　　　　　　25	24　　　　　20	19　　　　　15	14　　12	11　　　　　7	6　　　　　　　　0
offset[12|10:5]	rs2	rs1	110	offset[4:1|11]	1100011

---

bltz rs1, offset

if (rs1 $<_s$ 0) pc += sext(offset)

小于零时分支。伪指令，在 RV32I 和 RV64I 中。

展开为 **blt** rs1, x0, offset。

---

bne rs1, rs2, offset   if (rs1 ≠ rs2) pc += sext(offset)

不相等时分支。B 型，在 RV32I 和 RV64I 中。

若 x[*rs1*] 和 x[*rs2*] 不相等，将 *pc* 设为当前 *pc* 加上符号扩展后的 *offset*。

压缩形式：**c.bnez** rs1, offset

31	25 24	20 19	15 14	12 11	7 6	0
offset[12|10:5]	rs2	rs1	001	offset[4:1|11]	1100011

bnez rs1, offset   if (rs1 ≠ 0) pc += sext(offset)

不等于零时分支。伪指令，在 RV32I 和 RV64I 中。

展开为 **bne** rs1, x0, offset。

c.add rd, rs2   x[rd] = x[rd] + x[rs2]

加。在 RV32IC 和 RV64IC 中。

展开为 **add** rd, rd, rs2。当 rd=x0 或 rs2=x0 时非法。

15	13 12	11	7 6	2 1	0
100	1	rd	rs2	10	

c.addi rd, imm   x[rd] = x[rd] + sext(imm)

加立即数。在 RV32IC 和 RV64IC 中。

展开为 **addi** rd, rd, imm。

15	13 12	11	7 6	2 1	0
000	imm[5]	rd	imm[4:0]	01

c.addi16sp imm   x[2] = x[2] + sext(imm)

栈指针加 16 倍立即数。在 RV32IC 和 RV64IC 中。

展开为 **addi** x2, x2, imm。当 imm=0 时非法。

15	13 12	11	7 6	2 1	0
011	imm[9]	00010	imm[4|6|8:7|5]	01

c.addi4spn rd′, uimm   x[8+rd′] = x[2] + uimm

栈指针无损加 4 倍立即数[1]。在 RV32IC 和 RV64IC 中。

展开为 **addi** rd, x2, uimm，其中 rd=8+rd′。当 uimm=0 时非法。

15	13 12	5 4	2 1	0
000	uimm[5:4|9:6|2|3]	rd′	00

---

[1]译者注："无损" 指该指令不会破坏 sp 寄存器。

c.addiw rd, imm

$$x[rd] = sext((x[rd] + sext(imm))[31:0])$$

加立即数字。仅在 RV64IC 中。

展开为 **addiw** rd, rd, imm。当 rd=x0 时非法。

15	13	12	11	7 6	2 1	0
	001	imm[5]	rd	imm[4:0]	01	

c.addw rd′, rs2′

$$x[8+rd'] = sext((x[8+rd'] + x[8+rs2'])[31:0])$$

加字。仅在 RV64IC 中。

展开为 **addw** rd, rd, rs2，其中 rd=8+rd′ 且 rs2=8+rs2′。

15	10 9	7 6	5 4	2 1	0
100111	rd′	01	rs2′	01	

c.and rd′, rs2′

$$x[8+rd'] = x[8+rd'] \text{ \& } x[8+rs2']$$

与。在 RV32IC 和 RV64IC 中。

展开为 **and** rd, rd, rs2，其中 rd=8+rd′ 且 rs2=8+rs2′。

15	10 9	7 6	5 4	2 1	0
100011	rd′	11	rs2′	01	

c.andi rd′, imm

$$x[8+rd'] = x[8+rd'] \text{ \& } sext(imm)$$

与立即数。在 RV32IC 和 RV64IC 中。

展开为 **andi** rd, rd, imm，其中 rd=8+rd′。

15	13	12	11 10 9	7 6	2 1	0
100	imm[5]	10	rd′	imm[4:0]	01	

c.beqz rs1′, offset

$$\text{if } (x[8+rs1'] == 0) \text{ pc += } sext(offset)$$

等于零时分支。在 RV32IC 和 RV64IC 中。

展开为 **beq** rs1, x0, offset，其中 rs1=8+rs1′。

15	13 12	10 9	7 6	2 1	0
110	offset[8|4:3]	rs1′	offset[7:6|2:1|5]	01	

c.bnez rs1′, offset

$$\text{if } (x[8+rs1'] \neq 0) \text{ pc += } sext(offset)$$

不等于零时分支。在 RV32IC 和 RV64IC 中。

展开为 **bne** rs1, x0, offset，其中 rs1=8+rs1′。

15	13 12	10 9	7 6	2 1	0
111	offset[8|4:3]	rs1′	offset[7:6|2:1|5]	01	

c.ebreak

RaiseException(Breakpoint)

环境断点。在 RV32IC 和 RV64IC 中。

展开为 **ebreak**。

15 13	12	11 7 6		2 1 0
100	1	00000	00000	10

c.fld   rd′, uimm(rs1′)

f[8+rd′] = M[x[8+rs1′] + uimm][63:0]

取浮点双字。在 RV32DC 和 RV64DC 中。

展开为 **fld** rd, uimm(rs1)，其中 rd=8+rd′ 且 rs1=8+rs1′。

15 13	12 10	9 7 6	5	4 2 1 0
001	uimm[5:3]	rs1′	uimm[7:6]	rd′	00

c.fldsp   rd, uimm

f[rd] = M[x[2] + uimm][63:0]

相对栈指针取浮点双字。在 RV32DC 和 RV64DC 中。

展开为 **fld** rd, uimm(x2)。

15 13	12	11 7 6		2 1 0
001	uimm[5]	rd	uimm[4:3|8:6]	10

c.flw   rd′, uimm(rs1′)

f[8+rd′] = M[x[8+rs1′] + uimm][31:0]

取浮点字。仅在 RV32FC 中。

展开为 **flw** rd, uimm(rs1)，其中 rd=8+rd′ 且 rs1=8+rs1′。

15 13	12 10	9 7 6	5	4 2 1 0
011	uimm[5:3]	rs1′	uimm[2|6]	rd′	00

c.flwsp   rd, uimm

f[rd] = M[x[2] + uimm][31:0]

相对栈指针取浮点字。仅在 RV32FC 中。

展开为 **flw** rd, uimm(x2)。

15 13	12	11 7 6		2 1 0
011	uimm[5]	rd	uimm[4:2|7:6]	10

c.fsd   rs2′, uimm(rs1′)

M[x[8+rs1′] + uimm][63:0] = f[8+rs2′]

存浮点双字。在 RV32DC 和 RV64DC 中。

展开为 **fsd** rs2, uimm(rs1)，其中 rs2=8+rs2′ 且 rs1=8+rs1′。

15 13	12 10	9 7 6	5	4 2 1 0
101	uimm[5:3]	rs1′	uimm[7:6]	rs2′	00

c.fsdsp rs2, uimm

M[x[2] + uimm][63:0] = f[rs2]

相对栈指针存浮点双字。在 RV32DC 和 RV64DC 中。

展开为 **fsd** rs2, uimm(x2)。

15 13	12 7	6 2	1 0
101	uimm[5:3|8:6]	rs2	10

c.fsw rs2′, uimm(rs1′)

M[x[8+rs1′] + uimm][31:0] = f[8+rs2′]

存浮点字。仅在 RV32FC 中。

展开为 **fsw** rs2, uimm(rs1)，其中 rs2=8+rs2′ 且 rs1=8+rs1′。

15 13	12 10	9 7	6 5	4 2	1 0
111	uimm[5:3]	rs1′	uimm[2|6]	rs2′	00

c.fswsp rs2, uimm

M[x[2] + uimm][31:0] = f[rs2]

相对栈指针存浮点字。仅在 RV32FC 中。

展开为 **fsw** rs2, uimm(x2)。

15 13	12 7	6 2	1 0
111	uimm[5:2|7:6]	rs2	10

c.j offset

pc += sext(offset)

跳转。在 RV32IC 和 RV64IC 中。

展开为 **jal** x0, offset。

15 13	12 2	1 0
101	offset[11|4|9:8|10|6|7|3:1|5]	01

c.jal offset

x[1] = pc+2; pc += sext(offset)

跳转并链接。仅在 RV32IC 中。

展开为 **jal** x1, offset。

15 13	12 2	1 0
001	offset[11|4|9:8|10|6|7|3:1|5]	01

c.jalr rs1

t = pc+2; pc = x[rs1]; x[1] = t

寄存器跳转并链接。在 RV32IC 和 RV64IC 中。

展开为 **jalr** x1, 0(rs1)。当 rs1=x0 时非法。

15 13	12	11 7	6 2	1 0
100	1	rs1	00000	10

c.jr rs1

pc = x[rs1]

寄存器跳转。在 RV32IC 和 RV64IC 中。

展开为 **jalr** x0, 0(rs1)。当 rs1=x0 时非法。

15 13	12	11 7 6	2 1 0
100	0	rs1	00000	10

c.ld rd′, uimm(rs1′)

x[8+rd′] = M[x[8+rs1′] + uimm][63:0]

取双字。仅在 RV64IC 中。

展开为 **ld** rd, uimm(rs1)，其中 rd=8+rd′ 且 rs1=8+rs1′。

15 13 12	10 9	7 6	5 4	2 1 0
011	uimm[5:3]	rs1′	uimm[7:6]	rd′	00

c.ldsp rd, uimm

x[rd] = M[x[2] + uimm][63:0]

相对栈指针取双字。仅在 RV64IC 中。

展开为 **ld** rd, uimm(x2)。当 rd=x0 时非法。

15 13	12	11 7 6	2 1 0
011	uimm[5]	rd	uimm[4:3|8:6]	10

c.li rd, imm

x[rd] = sext(imm)

装入立即数。在 RV32IC 和 RV64IC 中。

展开为 **addi** rd, x0, imm。

15 13	12	11 7 6	2 1 0
010	imm[5]	rd	imm[4:0]	01

c.lui rd, imm

x[rd] = sext(imm[17:12] << 12)

装入高位立即数。在 RV32IC 和 RV64IC 中。

展开为 **lui** rd, imm。当 rd=x2 或 imm=0 时非法。

15 13	12	11 7 6	2 1 0
011	imm[17]	rd	imm[16:12]	01

c.lw rd′, uimm(rs1′)

x[8+rd′] = sext(M[x[8+rs1′] + uimm][31:0])

取字。在 RV32IC 和 RV64IC 中。

展开为 **lw** rd, uimm(rs1)，其中 rd=8+rd′ 且 rs1=8+rs1′。

15 13 12	10 9	7 6	5 4	2 1 0
010	uimm[5:3]	rs1′	uimm[2|6]	rd′	00

c.lwsp rd, uimm

$x[rd] = sext(M[x[2] + uimm][31:0])$

相对栈指针取字。在 RV32IC 和 RV64IC 中。

展开为 **lw** rd, uimm(x2)。当 rd=x0 时非法。

15　　　13	12	11　　　　　7 6	2 1　　0
010	uimm[5]	rd	uimm[4:2|7:6]	10

15　　　13　12　11　　　　　7 6　　　　　2 1　　0

c.mv rd, rs2

$x[rd] = x[rs2]$

数据传送。在 RV32IC 和 RV64IC 中。

展开为 **add** rd, x0, rs2。当 rs2=x0 时非法。

15　　13	12	11　　　　7 6	2 1　0
100	0	rd	rs2	10

15　　13　12　11　　　　7 6　　　　2 1　0

c.or rd′, rs2′

$x[8+rd'] = x[8+rd'] \mid x[8+rs2']$

或。在 RV32IC 和 RV64IC 中。

展开为 **or** rd, rd, rs2，其中 rd=8+rd′ 且 rs2=8+rs2′。

15　　　　10 9	7 6	5 4	2 1　0
100011	rd′	10	rs2′	01

15　　　　10 9　　7 6　5 4　　2 1　0

c.sd rs2′, uimm(rs1′)

$M[x[8+rs1'] + uimm][63:0] = x[8+rs2']$

存双字。仅在 RV64IC 中。

展开为 **sd** rs2, uimm(rs1)，其中 rs2=8+rs2′ 且 rs1=8+rs1′。

15　　13 12	10 9	7 6	5 4	2 1　0
111	uimm[5:3]	rs1′	uimm[7:6]	rs2′	00

15　　13 12　10 9　　7 6　5 4　　2 1　0

c.sdsp rs2, uimm

$M[x[2] + uimm][63:0] = x[rs2]$

相对栈指针存双字。仅在 RV64IC 中。

展开为 **sd** rs2, uimm(x2)。

15　　13 12	7 6	2 1　0
111	uimm[5:3|8:6]	rs2	10

15　　13 12　　　　7 6　　　2 1　0

c.slli rd, uimm

$x[rd] = x[rd] \ll uimm$

逻辑左移立即数。在 RV32IC 和 RV64IC 中。

展开为 **slli** rd, rd, uimm。

15　　　13	12	11　　　　7 6	2 1　0
000	uimm[5]	rd	uimm[4:0]	10

15　　　13　12　11　　　　7 6　　　　2 1　0

c.srai rd', uimm

$$x[8+rd'] = x[8+rd'] >>_s uimm$$

算术右移立即数。在 RV32IC 和 RV64IC 中。

展开为 **srai** rd, rd, uimm，其中 rd=8+rd'。

15 13	12	11 10 9	7 6	2 1 0
100	uimm[5]	01	rd'	uimm[4:0]	01

c.srli rd', uimm

$$x[8+rd'] = x[8+rd'] >>_u uimm$$

逻辑右移立即数。在 RV32IC 和 RV64IC 中。

展开为 **srli** rd, rd, uimm，其中 rd=8+rd'。

15 13	12	11 10 9	7 6	2 1 0
100	uimm[5]	00	rd'	uimm[4:0]	01

c.sub rd', rs2'

$$x[8+rd'] = x[8+rd'] - x[8+rs2']$$

减。在 RV32IC 和 RV64IC 中。

展开为 **sub** rd, rd, rs2，其中 rd=8+rd' 且 rs2=8+rs2'。

15	10 9	7 6	5 4	2 1 0
100011	rd'	00	rs2'	01

c.subw rd', rs2'

$$x[8+rd'] = sext((x[8+rd'] - x[8+rs2'])[31:0])$$

减字。仅在 RV64IC 中。

展开为 **subw** rd, rd, rs2，其中 rd=8+rd' 且 rs2=8+rs2'。

15	10 9	7 6	5 4	2 1 0
100111	rd'	00	rs2'	01

c.sw rs2', uimm(rs1')

$$M[x[8+rs1'] + uimm][31:0] = x[8+rs2']$$

存字。在 RV32IC 和 RV64IC 中。

展开为 **sw** rs2, uimm(rs1)，其中 rs2=8+rs2' 且 rs1=8+rs1'。

15 13	12	10 9	7 6	5 4	2 1 0
110	uimm[5:3]	rs1'	uimm[2|6]	rs2'	00

c.swsp rs2, uimm

$$M[x[2] + uimm][31:0] = x[rs2]$$

相对栈指针存字。在 RV32IC 和 RV64IC 中。

展开为 **sw** rs2, uimm(x2)。

15 13	12	7 6	2 1 0
110	uimm[5:2|7:6]	rs2	10

c.xor rd′, rs2′

$$x[8+rd'] = x[8+rd']\ \hat{}\ x[8+rs2']$$

异或。在 RV32IC 和 RV64IC 中。

展开为 **xor** rd, rd, rs2，其中 rd=8+rd′ 且 rs2=8+rs2′。

15　　　　　　　10	9　　　7	6　5	4　　　2	1　0
100011	rd′	01	rs2′	01

call rd, symbol

$$x[rd] = pc+8;\ pc = \&symbol$$

调用。伪指令，在 RV32I 和 RV64I 中。

将下一条指令的地址（ $pc+8$ ）写入 x[rd]，然后将 pc 设为 $symbol$。展开为 **auipc** rd, offsetHi 和 **jalr** rd, offsetLo(rd)。若省略 rd，则默认为 x1。

csrc csr, rs1

$$CSRs[csr]\ \&=\ \sim x[rs1]$$

控制状态寄存器清位。伪指令，在 RV32I 和 RV64I 中。

对于 x[$rs1$] 中每一个为 1 的位，将控制状态寄存器 csr 的对应位清零。展开为 **csrrc** x0, csr, rs1。

csrci csr, zimm[4:0]

$$CSRs[csr]\ \&=\ \sim zimm$$

控制状态寄存器清位立即数。伪指令，在 RV32I 和 RV64I 中。

对于 5 位立即数零扩展结果中每一个为 1 的位，将控制状态寄存器 csr 的对应位清零。展开为 **csrrci** x0, csr, zimm。

csrr rd, csr

$$x[rd] = CSRs[csr]$$

控制状态寄存器读。伪指令，在 RV32I 和 RV64I 中。

将控制状态寄存器 csr 写入 x[rd]。展开为 **csrrs** rd, csr, x0。

csrrc rd, csr, rs1

$$t = CSRs[csr];\ CSRs[csr] = t\&\sim x[rs1];\ x[rd] = t$$

控制状态寄存器读后清位。I 型，在 RV32I 和 RV64I 中。

记控制状态寄存器 csr 的值为 t。将 x[$rs1$] 的反码和 t 按位与，结果写入 csr，再将 t 写入 x[rd]。

31　　　　　　　　　　20	19　　　15	14　　12	11　　　7	6　　　　　　0
csr	rs1	011	rd	1110011

csrrci rd, csr, zimm[4:0]

$$t = CSRs[csr];\ CSRs[csr] = t\&\sim zimm;\ x[rd] = t$$

控制状态寄存器读后清位立即数。I 型，在 RV32I 和 RV64I 中。

记控制状态寄存器 csr 的值为 t。将 5 位立即数 $zimm$ 零扩展后的反码和 t 按位与，结果写入 csr，再将 t 写入 x[rd]（ csr 中的第 5 位及更高的位不变）。

31　　　　　　　　　　20	19　　　15	14　　12	11　　　7	6　　　　　　0
csr	zimm[4:0]	111	rd	1110011

csrrs rd, csr, rs1 t = CSRs[csr]; CSRs[csr] = t | x[rs1]; x[rd] = t

控制状态寄存器读后置位。I 型，在 RV32I 和 RV64I 中。

记控制状态寄存器 csr 的值为 t。将 t 和 x[$rs1$] 的按位或结果写入 csr，再将 t 写入 x[rd]。

31	20 19	15 14	12 11	7 6	0
csr	rs1	010	rd	1110011	

csrrsi rd, csr, zimm[4:0] t = CSRs[csr]; CSRs[csr] = t | zimm; x[rd] = t

控制状态寄存器读后置位立即数。I 型，在 RV32I 和 RV64I 中。

记控制状态寄存器 csr 的值为 t。将 5 位立即数 $zimm$ 零扩展后和 t 按位或，结果写入 csr，再将 t 写入 x[rd]（ csr 中的第 5 位及更高的位不变）。

31	20 19	15 14	12 11	7 6	0
csr	zimm[4:0]	110	rd	1110011	

csrrw rd, csr, rs1 t = CSRs[csr]; CSRs[csr] = x[rs1]; x[rd] = t

控制状态寄存器读后写。I 型，在 RV32I 和 RV64I 中。

记控制状态寄存器 csr 的值为 t。将 x[$rs1$] 写入 csr，再将 t 写入 x[rd]。

31	20 19	15 14	12 11	7 6	0
csr	rs1	001	rd	1110011	

csrrwi rd, csr, zimm[4:0]   x[rd] = CSRs[csr]; CSRs[csr] = zimm

控制状态寄存器读后写立即数。I 型，在 RV32I 和 RV64I 中。

将控制状态寄存器 csr 的值复制到 x[rd] 中，再将 5 位立即数 $zimm$ 的零扩展结果写入 csr。

31	20 19	15 14	12 11	7 6	0
csr	zimm[4:0]	101	rd	1110011	

csrs csr, rs1   CSRs[csr] |= x[rs1]

控制状态寄存器置位。伪指令，在 RV32I 和 RV64I 中。

对于 x[$rs1$] 中每一个为 1 的位，将控制状态寄存器 csr 的对应位置 1。展开为 **csrrs** x0, csr, rs1。

csrsi csr, zimm[4:0]   CSRs[csr] |= zimm

控制状态寄存器置位立即数。伪指令，在 RV32I 和 RV64I 中。

对于 5 位立即数 $zimm$ 的零扩展结果中每一个为 1 的位，将控制状态寄存器 csr 的对应位置 1。展开为 **csrrsi** x0, csr, zimm。

csrw csr, rs1

CSRs[csr] = x[rs1]

控制状态寄存器写。伪指令，在 RV32I 和 RV64I 中。

将 x[*rs1*] 的值写入控制状态寄存器 *csr*。展开为 **csrrw** x0, csr, rs1。

---

csrwi csr, zimm[4:0]

CSRs[csr] = zimm

控制状态寄存器写立即数。伪指令，在 RV32I 和 RV64I 中。

将 5 位立即数 *zimm* 的零扩展结果写入控制状态寄存器 *csr*。展开为 **csrrwi** x0, csr, zimm。

---

div rd, rs1, rs2

$x[rd] = x[rs1] \div_s x[rs2]$

除。R 型，在 RV32M 和 RV64M 中。

x[*rs1*] 除以 x[*rs2*]（补码除法），结果向零舍入，将商写入 x[*rd*]。

31	25 24	20 19	15 14	12 11	7 6	0
0000001	rs2	rs1	100	rd	0110011	

---

divu rd, rs1, rs2

$x[rd] = x[rs1] \div_u x[rs2]$

无符号除。R 型，在 RV32M 和 RV64M 中。

x[*rs1*] 除以 x[*rs2*]（无符号除法），结果向零舍入，将商写入 x[*rd*]。

31	25 24	20 19	15 14	12 11	7 6	0
0000001	rs2	rs1	101	rd	0110011	

---

divuw rd, rs1, rs2

$x[rd] = sext(x[rs1][31:0] \div_u x[rs2][31:0])$

无符号除字。R 型，仅在 RV64M 中。

x[*rs1*] 的低 32 位除以 x[*rs2*] 的低 32 位（无符号除法），结果向零舍入，将 32 位商的符号扩展结果写入 x[*rd*]。

31	25 24	20 19	15 14	12 11	7 6	0
0000001	rs2	rs1	101	rd	0111011	

---

divw rd, rs1, rs2

$x[rd] = sext(x[rs1][31:0] \div_s x[rs2][31:0])$

除字。R 型，仅在 RV64M 中。

x[*rs1*] 的低 32 位除以 x[*rs2*] 的低 32 位（补码除法），结果向零舍入，将 32 位商的符号扩展结果写入 x[*rd*]。

31	25 24	20 19	15 14	12 11	7 6	0
0000001	rs2	rs1	100	rd	0111011	

ebreak　　　　　　　　　　　　　　　`RaiseException(Breakpoint)`

环境断点。I 型，在 RV32I 和 RV64I 中。

通过抛出断点异常调用调试器。

31	20 19	15 14	12 11	7 6	0
000000000001	00000	000	00000	1110011	

ecall　　　　　　　　　　　　　`RaiseException(EnvironmentCall)`

环境调用。I 型，在 RV32I 和 RV64I 中。

通过抛出环境调用异常调用执行环境。

31	20 19	15 14	12 11	7 6	0
000000000000	00000	000	00000	1110011	

fabs.d rd, rs1　　　　　　　　　　　　　　`f[rd] = |f[rs1]|`

浮点数绝对值。伪指令，在 RV32D 和 RV64D 中。

将双精度浮点数 f[*rs1*] 的绝对值写入 f[*rd*]。展开为 **fsgnjx.d** rd, rs1, rs1。

fabs.s rd, rs1　　　　　　　　　　　　　　`f[rd] = |f[rs1]|`

浮点数绝对值。伪指令，在 RV32F 和 RV64F 中。

将单精度浮点数 f[*rs1*] 的绝对值写入 f[*rd*]。展开为 **fsgnjx.s** rd, rs1, rs1。

fadd.d rd, rs1, rs2　　　　　　　　　　`f[rd] = f[rs1] + f[rs2]`

双精度浮点加。R 型，在 RV32D 和 RV64D 中。

将 f[*rs1*] 与 f[*rs2*] 中的双精度浮点数相加，将舍入后的双精度结果写入 f[*rd*]。

31	25 24	20 19	15 14	12 11	7 6	0
0000001	rs2	rs1	rm	rd	1010011	

fadd.s rd, rs1, rs2　　　　　　　　　　`f[rd] = f[rs1] + f[rs2]`

单精度浮点加。R 型，在 RV32F 和 RV64F 中。

将 f[*rs1*] 与 f[*rs2*] 中的单精度浮点数相加，将舍入后的单精度结果写入 f[*rd*]。

31	25 24	20 19	15 14	12 11	7 6	0
0000000	rs2	rs1	rm	rd	1010011	

fclass.d rd, rs1

x[rd] = classify$_d$(f[rs1])

双精度浮点分类。R 型，在 RV32D 和 RV64D 中。

将一个表示 f[rs1] 中双精度浮点数类别的掩码写入 x[rd]。关于写入 x[rd] 的值的含义，参见指令 **fclass.s** 的介绍。

31	25 24	20 19	15 14	12 11	7 6	0
1110001	00000	rs1	001	rd	1010011	

fclass.s rd, rs1

x[rd] = classify$_s$(f[rs1])

单精度浮点分类。R 型，在 RV32F 和 RV64F 中。

将一个表示 f[rs1] 中单精度浮点数类别的掩码写入 x[rd]。x[rd] 中有且仅有一位被置 1，见下表：

x[rd] 位	含义
0	f[rs1] 为 $-\infty$
1	f[rs1] 为规格化负数
2	f[rs1] 为非规格化负数
3	f[rs1] 为 -0
4	f[rs1] 为 $+0$
5	f[rs1] 为非规格化正数
6	f[rs1] 为规格化正数
7	f[rs1] 为 $+\infty$
8	f[rs1] 为发信号（signaling）NaN
9	f[rs1] 为不发信号（quiet）NaN

31	25 24	20 19	15 14	12 11	7 6	0
1110000	00000	rs1	001	rd	1010011	

fcvt.d.l rd, rs1

f[rd] = f64$_{s64}$(x[rs1])

长字转换为双精度浮点。R 型，仅在 RV64D 中。

将 x[rs1] 中的 64 位有符号整数（补码表示）转换为双精度浮点数，并写入 f[rd]。

31	25 24	20 19	15 14	12 11	7 6	0
1101001	00010	rs1	rm	rd	1010011	

fcvt.d.lu rd, rs1

f[rd] = f64$_{u64}$(x[rs1])

无符号长字转换为双精度浮点。R 型，仅在 RV64D 中。

将 x[rs1] 中的 64 位无符号整数转换为双精度浮点数，并写入 f[rd]。

31	25 24	20 19	15 14	12 11	7 6	0
1101001	00011	rs1	rm	rd	1010011	

# fcvt.d.s rd, rs1
f[rd] = f64$_{f32}$(f[rs1])

单精度浮点转换为双精度浮点。R 型，在 RV32D 和 RV64D 中。

将 f[*rs1*] 中的单精度浮点数转换为双精度浮点数，并写入 f[*rd*]。

31 25	24 20	19 15	14 12	11 7	6 0
0100001	00000	rs1	rm	rd	1010011

# fcvt.d.w rd, rs1
f[rd] = f64$_{s32}$(x[rs1])

字转换为双精度浮点。R 型，在 RV32D 和 RV64D 中。

将 x[*rs1*] 中的 32 位有符号整数（补码表示）转换为双精度浮点数，并写入 f[*rd*]。

31 25	24 20	19 15	14 12	11 7	6 0
1101001	00000	rs1	rm	rd	1010011

# fcvt.d.wu rd, rs1
f[rd] = f64$_{u32}$(x[rs1])

无符号字转换为双精度浮点。R 型，在 RV32D 和 RV64D 中。

将 x[*rs1*] 中的 32 位无符号整数转换为双精度浮点数，并写入 f[*rd*]。

31 25	24 20	19 15	14 12	11 7	6 0
1101001	00001	rs1	rm	rd	1010011

# fcvt.l.d rd, rs1
x[rd] = s64$_{f64}$(f[rs1])

双精度浮点转换为长字。R 型，仅在 RV64D 中。

将 f[*rs1*] 中的双精度浮点数转换为 64 位有符号整数（补码表示），并写入 x[*rd*]。

31 25	24 20	19 15	14 12	11 7	6 0
1100001	00010	rs1	rm	rd	1010011

# fcvt.l.s rd, rs1
x[rd] = s64$_{f32}$(f[rs1])

单精度浮点转换为长字。R 型，仅在 RV64F 中。

将 f[*rs1*] 中的单精度浮点数转换为 64 位有符号整数（补码表示），并写入 x[*rd*]。

31 25	24 20	19 15	14 12	11 7	6 0
1100000	00010	rs1	rm	rd	1010011

# fcvt.lu.d rd, rs1
x[rd] = u64$_{f64}$(f[rs1])

双精度浮点转换为无符号长字。R 型，仅在 RV64D 中。

将 f[*rs1*] 中的双精度浮点数转换为 64 位无符号整数，并写入 x[*rd*]。

31 25	24 20	19 15	14 12	11 7	6 0
1100001	00011	rs1	rm	rd	1010011

fcvt.lu.s rd, rs1 $\qquad$ x[rd] = u64$_{f32}$(f[rs1])

单精度浮点转换为无符号长字。R 型，仅在 RV64F 中。

将 f[*rs1*] 中的单精度浮点数转换为 64 位无符号整数，并写入 x[*rd*]。

31	25 24	20 19	15 14	12 11	7 6	0
1100000	00011	rs1	rm	rd	1010011	

fcvt.s.d rd, rs1 $\qquad$ f[rd] = f32$_{f64}$(f[rs1])

双精度浮点转换为单精度浮点。R 型，在 RV32D 和 RV64D 中。

将 f[*rs1*] 中的双精度浮点数转换为单精度浮点数，并写入 f[*rd*]。

31	25 24	20 19	15 14	12 11	7 6	0
0100000	00001	rs1	rm	rd	1010011	

fcvt.s.l rd, rs1 $\qquad$ f[rd] = f32$_{s64}$(x[rs1])

长字转换为单精度浮点。R 型，仅在 RV64F 中。

将 x[*rs1*] 中的 64 位有符号整数（补码表示）转换为单精度浮点数，并写入 f[*rd*]。

31	25 24	20 19	15 14	12 11	7 6	0
1101000	00010	rs1	rm	rd	1010011	

fcvt.s.lu rd, rs1 $\qquad$ f[rd] = f32$_{u64}$(x[rs1])

无符号长字转换为单精度浮点。R 型，仅在 RV64F 中。

将 x[*rs1*] 中的 64 位无符号整数转换为单精度浮点数，并写入 f[*rd*]。

31	25 24	20 19	15 14	12 11	7 6	0
1101000	00011	rs1	rm	rd	1010011	

fcvt.s.w rd, rs1 $\qquad$ f[rd] = f32$_{s32}$(x[rs1])

字转换为单精度浮点。R 型，在 RV32F 和 RV64F 中。

将 x[*rs1*] 中的 32 位有符号整数（补码表示）转换为单精度浮点数，并写入 f[*rd*]。

31	25 24	20 19	15 14	12 11	7 6	0
1101000	00000	rs1	rm	rd	1010011	

fcvt.s.wu rd, rs1 $\qquad$ f[rd] = f32$_{u32}$(x[rs1])

无符号字转换为单精度浮点。R 型，在 RV32F 和 RV64F 中。

将 x[*rs1*] 中的 32 位无符号整数转换为单精度浮点数，并写入 f[*rd*]。

31	25 24	20 19	15 14	12 11	7 6	0
1101000	00001	rs1	rm	rd	1010011	

fcvt.w.d　rd, rs1 　　　　　　　　　　　　　$x[rd] = sext(s32_{f64}(f[rs1]))$

双精度浮点转换为字。R 型，在 RV32D 和 RV64D 中。

将 f[*rs1*] 中的双精度浮点数转换为 32 位有符号整数（补码表示），符号扩展后写入 x[*rd*]。

31	25 24	20 19	15 14	12 11	7 6	0
1100001	00000	rs1	rm	rd	1010011	

fcvt.w.s　rd, rs1 　　　　　　　　　　　　　$x[rd] = sext(s32_{f32}(f[rs1]))$

单精度浮点转换为字。R 型，在 RV32F 和 RV64F 中。

将 f[*rs1*] 中的单精度浮点数转换为 32 位有符号整数（补码表示），符号扩展后写入 x[*rd*]。

31	25 24	20 19	15 14	12 11	7 6	0
1100000	00000	rs1	rm	rd	1010011	

fcvt.wu.d　rd, rs1 　　　　　　　　　　　　$x[rd] = sext(u32_{f64}(f[rs1]))$

双精度浮点转换为无符号字。R 型，在 RV32D 和 RV64D 中。

将 f[*rs1*] 中的双精度浮点数转换为 32 位无符号整数，符号扩展后写入 x[*rd*]。

31	25 24	20 19	15 14	12 11	7 6	0
1100001	00001	rs1	rm	rd	1010011	

fcvt.wu.s　rd, rs1 　　　　　　　　　　　　$x[rd] = sext(u32_{f32}(f[rs1]))$

单精度浮点转换为无符号字。R 型，在 RV32F 和 RV64F 中。

将 f[*rs1*] 中的单精度浮点数转换为 32 位无符号整数，符号扩展后写入 x[*rd*]。

31	25 24	20 19	15 14	12 11	7 6	0
1100000	00001	rs1	rm	rd	1010011	

fdiv.d　rd, rs1, rs2 　　　　　　　　　　　　$f[rd] = f[rs1] \div f[rs2]$

双精度浮点除。R 型，在 RV32D 和 RV64D 中。

将 f[*rs1*] 与 f[*rs2*] 中的双精度浮点数相除，并将舍入后的商写入 f[*rd*]。

31	25 24	20 19	15 14	12 11	7 6	0
0001101	rs2	rs1	rm	rd	1010011	

fdiv.s　rd, rs1, rs2 　　　　　　　　　　　　$f[rd] = f[rs1] \div f[rs2]$

单精度浮点除。R 型，在 RV32F 和 RV64F 中。

将 f[*rs1*] 与 f[*rs2*] 中的单精度浮点数相除，并将舍入后的商写入 f[*rd*]。

31	25 24	20 19	15 14	12 11	7 6	0
0001100	rs2	rs1	rm	rd	1010011	

fence　pred, succ　　　　　　　　　　　　　　　　Fence(pred, succ)

内存和 I/O 屏障。I 型，在 RV32I 和 RV64I 中。

在后继集合（*succ*）中的内存和 I/O 访问对其他线程和设备可见之前，保证前驱集合（*pred*）中的内存和 I/O 访问对其他线程和设备可见。上述集合中的第 3、2、1 和 0 位分别表示设备输入、设备输出、内存读、内存写。例如，**fence** r,rw（通过 *pred*=0010 和 *succ*=0011 编码）用于将旧的读操作与新的读/写操作定序。若省略参数，则默认为 **fence** iorw, iorw。

31	28 27	24 23	20 19	15 14	12 11	7 6	0
0000	pred	succ	00000	000	00000	0001111	

fence.i　　　　　　　　　　　　　　　　　　　Fence(Store, Fetch)

指令流屏障。I 型，在 RV32I 和 RV64I 中。

使内存指令区域的写入对后续取指操作可见。

31	20 19	15 14	12 11	7 6	0
000000000000	00000	001	00000	0001111	

feq.d　rd, rs1, rs2　　　　　　　　　　　　x[rd] = f[rs1] == f[rs2]

双精度浮点相等。R 型，在 RV32D 和 RV64D 中。

若 f[*rs1*] 和 f[*rs2*] 中的双精度浮点数相等，则向 x[*rd*] 中写 1，否则写 0。

31	25 24	20 19	15 14	12 11	7 6	0
1010001	rs2	rs1	010	rd	1010011	

feq.s　rd, rs1, rs2　　　　　　　　　　　　x[rd] = f[rs1] == f[rs2]

单精度浮点相等。R 型，在 RV32F 和 RV64F 中。

若 f[*rs1*] 和 f[*rs2*] 中的单精度浮点数相等，则向 x[*rd*] 中写 1，否则写 0。

31	25 24	20 19	15 14	12 11	7 6	0
1010000	rs2	rs1	010	rd	1010011	

fld　rd, offset(rs1)　　　　　　　f[rd] = M[x[rs1] + sext(offset)][63:0]

取浮点双字。I 型，在 RV32D 和 RV64D 中。

从内存地址 x[*rs1*] + *sign-extend*(*offset*) 中读取双精度浮点数，并写入 f[*rd*]。

压缩形式：**c.fldsp** rd, offset; **c.fld** rd, offset(rs1)

31	20 19	15 14	12 11	7 6	0
offset[11:0]	rs1	011	rd	0000111	

fle.d rd, rs1, rs2 　　　　　　　　　　x[rd] = f[rs1] ≤ f[rs2]

双精度浮点小于或等于。R 型，在 RV32D 和 RV64D 中。

若 f[*rs1*] 中的双精度浮点数小于或等于 f[*rs2*]，则向 x[*rd*] 中写 1，否则写 0。

31　　　　　25	24　　　　20	19　　　15	14　　12	11　　　　7	6　　　　　　0
1010001	rs2	rs1	000	rd	1010011

fle.s rd, rs1, rs2 　　　　　　　　　　x[rd] = f[rs1] ≤ f[rs2]

单精度浮点小于或等于。R 型，在 RV32F 和 RV64F 中。

若 f[*rs1*] 中的单精度浮点数小于或等于 f[*rs2*]，则向 x[*rd*] 中写 1，否则写 0。

31　　　　　25	24　　　　20	19　　　15	14　　12	11　　　　7	6　　　　　　0
1010000	rs2	rs1	000	rd	1010011

flt.d rd, rs1, rs2 　　　　　　　　　　x[rd] = f[rs1] < f[rs2]

双精度浮点小于。R 型，在 RV32D 和 RV64D 中。

若 f[*rs1*] 中的双精度浮点数小于 f[*rs2*]，则向 x[*rd*] 中写 1，否则写 0。

31　　　　　25	24　　　　20	19　　　15	14　　12	11　　　　7	6　　　　　　0
1010001	rs2	rs1	001	rd	1010011

flt.s rd, rs1, rs2 　　　　　　　　　　x[rd] = f[rs1] < f[rs2]

单精度浮点小于。R 型，在 RV32F 和 RV64F 中。

若 f[*rs1*] 中的单精度浮点数小于 f[*rs2*]，则向 x[*rd*] 中写 1，否则写 0。

31　　　　　25	24　　　　20	19　　　15	14　　12	11　　　　7	6　　　　　　0
1010000	rs2	rs1	001	rd	1010011

flw rd, offset(rs1) 　　　　　　f[rd] = M[x[rs1] + sext(offset)][31:0]

取浮点字。I 型，在 RV32F 和 RV64F 中。

从内存地址 x[*rs1*] + *sign-extend*(*offset*) 中读取单精度浮点数，并写入 f[*rd*]。

压缩形式：**c.flwsp** rd, offset; **c.flw** rd, offset(rs1)

31　　　　　　　　　　20	19　　　15	14　　12	11　　　　7	6　　　　　　0
offset[11:0]	rs1	010	rd	0000111

fmadd.d rd, rs1, rs2, rs3   f[rd] = f[rs1]×f[rs2]+f[rs3]

双精度浮点乘加。R4 型，在 RV32D 和 RV64D 中。

将 f[*rs1*] 与 f[*rs2*] 中的双精度浮点数相乘，并将未舍入的积与 f[*rs3*] 中的双精度浮点数相加，将舍入后的双精度结果写入 f[*rd*]。

31 27	26 25	24 20	19 15	14 12	11 7	6 0
rs3	01	rs2	rs1	rm	rd	1000011

fmadd.s rd, rs1, rs2, rs3   f[rd] = f[rs1]×f[rs2]+f[rs3]

单精度浮点乘加。R4 型，在 RV32F 和 RV64F 中。

将 f[*rs1*] 与 f[*rs2*] 中的单精度浮点数相乘，并将未舍入的积与 f[*rs3*] 中的单精度浮点数相加，将舍入后的单精度结果写入 f[*rd*]。

31 27	26 25	24 20	19 15	14 12	11 7	6 0
rs3	00	rs2	rs1	rm	rd	1000011

fmax.d rd, rs1, rs2   f[rd] = max(f[rs1], f[rs2])

双精度浮点最大值。R 型，在 RV32D 和 RV64D 中。

将 f[*rs1*] 和 f[*rs2*] 中的双精度浮点数较大者写入 f[*rd*]。

31 25	24 20	19 15	14 12	11 7	6 0
0010101	rs2	rs1	001	rd	1010011

fmax.s rd, rs1, rs2   f[rd] = max(f[rs1], f[rs2])

单精度浮点最大值。R 型，在 RV32F 和 RV64F 中。

将 f[*rs1*] 和 f[*rs2*] 中的单精度浮点数较大者写入 f[*rd*]。

31 25	24 20	19 15	14 12	11 7	6 0
0010100	rs2	rs1	001	rd	1010011

fmin.d rd, rs1, rs2   f[rd] = min(f[rs1], f[rs2])

双精度浮点最小值。R 型，在 RV32D 和 RV64D 中。

将 f[*rs1*] 和 f[*rs2*] 中的双精度浮点数较小者写入 f[*rd*]。

31 25	24 20	19 15	14 12	11 7	6 0
0010101	rs2	rs1	000	rd	1010011

fmin.s rd, rs1, rs2　　　　　　　　　　　　　f[rd] = min(f[rs1], f[rs2])

单精度浮点最小值。R 型，在 RV32F 和 RV64F 中。

将 f[*rs1*] 和 f[*rs2*] 中的单精度浮点数较小者写入 f[*rd*]。

31　　　　　25 24	20 19	15 14 12 11	7 6　　　　0
0010100	rs2	rs1	000	rd	1010011

fmsub.d rd, rs1, rs2, rs3　　　　　　f[rd] = f[rs1]×f[rs2]-f[rs3]

双精度浮点乘减。R4 型，在 RV32D 和 RV64D 中。

将 f[*rs1*] 与 f[*rs2*] 中的双精度浮点数相乘，并将未舍入的积与 f[*rs3*] 中的双精度浮点数相减，将舍入后的双精度结果写入 f[*rd*]。

31　　27 26 25 24	20 19	15 14 12 11	7 6　　　0
rs3	01	rs2	rs1	rm	rd	1000111

fmsub.s rd, rs1, rs2, rs3　　　　　　f[rd] = f[rs1]×f[rs2]-f[rs3]

单精度浮点乘减。R4 型，在 RV32F 和 RV64F 中。

将 f[*rs1*] 与 f[*rs2*] 中的单精度浮点数相乘，并将未舍入的积与 f[*rs3*] 中的单精度浮点数相减，将舍入后的单精度结果写入 f[*rd*]。

31　　27 26 25 24	20 19	15 14 12 11	7 6　　　0
rs3	00	rs2	rs1	rm	rd	1000111

fmul.d rd, rs1, rs2　　　　　　　　　　　f[rd] = f[rs1] × f[rs2]

双精度浮点乘。R 型，在 RV32D 和 RV64D 中。

将 f[*rs1*] 与 f[*rs2*] 中的双精度浮点数相乘，将舍入后的双精度结果写入 f[*rd*]。

31　　　　　25 24	20 19	15 14 12 11	7 6　　　0
0001001	rs2	rs1	rm	rd	1010011

fmul.s rd, rs1, rs2　　　　　　　　　　　f[rd] = f[rs1] × f[rs2]

单精度浮点乘。R 型，在 RV32F 和 RV64F 中。

将 f[*rs1*] 与 f[*rs2*] 中的单精度浮点数相乘，将舍入后的单精度结果写入 f[*rd*]。

31　　　　　25 24	20 19	15 14 12 11	7 6　　　0
0001000	rs2	rs1	rm	rd	1010011

fmv.d rd, rs1　　　　　　　　　　　　　　　f[rd] = f[rs1]

双精度浮点数据传送。伪指令，在 RV32D 和 RV64D 中。

将 f[*rs1*] 中的双精度浮点数复制到 f[*rd*] 中。展开为 **fsgnj.d** rd, rs1, rs1。

fmv.d.x rd, rs1   f[rd] = x[rs1][63:0]

从整数传送双字到浮点。R 型, 仅在 RV64D 中。

将 x[*rs1*] 中的双精度浮点数复制到 f[*rd*] 中。

31	25 24	20 19	15 14	12 11	7 6	0
1111001	00000	rs1	000	rd	1010011	

fmv.s rd, rs1   f[rd] = f[rs1]

单精度浮点数据传送。伪指令, 在 RV32F 和 RV64F 中。

将 f[*rs1*] 中的单精度浮点数复制到 f[*rd*] 中。展开为 **fsgnj.s rd, rs1, rs1**。

fmv.w.x rd, rs1   f[rd] = x[rs1][31:0]

从整数传送字到浮点。R 型, 在 RV32F 和 RV64F 中。

将 x[*rs1*] 中的单精度浮点数复制到 f[*rd*] 中。

31	25 24	20 19	15 14	12 11	7 6	0
1111000	00000	rs1	000	rd	1010011	

fmv.x.d rd, rs1   x[rd] = f[rs1][63:0]

从浮点传送双字到整数。R 型, 仅在 RV64D 中。

将 f[*rs1*] 中的双精度浮点数复制到 x[*rd*] 中。

31	25 24	20 19	15 14	12 11	7 6	0
1110001	00000	rs1	000	rd	1010011	

fmv.x.w rd, rs1   x[rd] = sext(f[rs1][31:0])

从浮点传送字到整数。R 型, 在 RV32F 和 RV64F 中。

将 f[*rs1*] 中的单精度浮点数复制到 x[*rd*] 中, 在 RV64F 中额外对结果进行符号扩展。

31	25 24	20 19	15 14	12 11	7 6	0
1110000	00000	rs1	000	rd	1010011	

fneg.d rd, rs1   f[rd] = -f[rs1]

双精度浮点取负。伪指令, 在 RV32D 和 RV64D 中。

将 f[*rs1*] 中的双精度浮点数取负后写入 f[*rd*]。展开为 **fsgnjn.d rd, rs1, rs1**。

fneg.s rd, rs1   f[rd] = -f[rs1]

单精度浮点取负。伪指令, 在 RV32F 和 RV64F 中。

将 f[*rs1*] 中的单精度浮点数取负后写入 f[*rd*]。展开为 **fsgnjn.s rd, rs1, rs1**。

fnmadd.d rd, rs1, rs2, rs3　　　　　f[rd] = -f[rs1]×f[rs2]-f[rs3]

双精度浮点乘加取负。R4 型，在 RV32D 和 RV64D 中。

将 f[*rs1*] 与 f[*rs2*] 中的双精度浮点数相乘，结果取负，并将未舍入的积与 f[*rs3*] 中的双精度浮点数相减，将舍入后的双精度结果写入 f[*rd*]。

31	27 26　25 24	20 19	15 14	12 11	7 6	0
rs3	01	rs2	rs1	rm	rd	1001111

fnmadd.s rd, rs1, rs2, rs3　　　　　f[rd] = -f[rs1]×f[rs2]-f[rs3]

单精度浮点乘加取负。R4 型，在 RV32F 和 RV64F 中。

将 f[*rs1*] 与 f[*rs2*] 中的单精度浮点数相乘，结果取负，并将未舍入的积与 f[*rs3*] 中的单精度浮点数相减，将舍入后的单精度结果写入 f[*rd*]。

31	27 26　25 24	20 19	15 14	12 11	7 6	0
rs3	00	rs2	rs1	rm	rd	1001111

fnmsub.d rd, rs1, rs2, rs3　　　　　f[rd] = -f[rs1]×f[rs2]+f[rs3]

双精度浮点乘减取负。R4 型，在 RV32D 和 RV64D 中。

将 f[*rs1*] 与 f[*rs2*] 中的双精度浮点数相乘，结果取负，并将未舍入的积与 f[*rs3*] 中的双精度浮点数相加，将舍入后的双精度结果写入 f[*rd*]。

31	27 26　25 24	20 19	15 14	12 11	7 6	0
rs3	01	rs2	rs1	rm	rd	1001011

fnmsub.s rd, rs1, rs2, rs3　　　　　f[rd] = -f[rs1]×f[rs2]+f[rs3]

单精度浮点乘减取负。R4 型，在 RV32F 和 RV64F 中。

将 f[*rs1*] 与 f[*rs2*] 中的单精度浮点数相乘，结果取负，并将未舍入的积与 f[*rs3*] 中的单精度浮点数相加，将舍入后的单精度结果写入 f[*rd*]。

31	27 26　25 24	20 19	15 14	12 11	7 6	0
rs3	00	rs2	rs1	rm	rd	1001011

frcsr rd　　　　　　　　　　　　x[rd] = CSRs[fcsr]

读浮点控制状态寄存器。伪指令，在 RV32F 和 RV64F 中。

将浮点控制状态寄存器写入 x[*rd*]。展开为 **csrrs** rd, fcsr, x0。

frflags rd　　　　　　　　　　　x[*rd*] = CSRs[fflags]

读浮点异常标志。伪指令，在 RV32F 和 RV64F 中。

将浮点异常标志写入 x[*rd*]。展开为 **csrrs** rd, fflags, x0。

frrm rd
$x[rd] = CSRs[frm]$

读浮点舍入模式。伪指令, 在 RV32F 和 RV64F 中。

将浮点舍入模式写入 x[rd]。展开为 **csrrs** rd, frm, x0。

---

fscsr rd, rs1
$t = CSRs[fcsr]; CSRs[fcsr] = x[rs1]; x[rd] = t$

交换浮点控制状态寄存器。伪指令, 在 RV32F 和 RV64F 中。

将 x[rs1] 写入浮点控制状态寄存器, 并将浮点控制状态寄存器的原值写入 x[rd]。展开为 **csrrw** rd, fcsr, rs1。若省略 rd, 则默认为 x0。

---

fsd rs2, offset(rs1)
$M[x[rs1] + sext(offset)] = f[rs2][63:0]$

存浮点双字。S 型, 在 RV32D 和 RV64D 中。

将 f[rs2] 中的双精度浮点数写入内存地址 x[rs1] + sign-extend(offset) 中。

压缩形式: **c.fsdsp** rs2, offset; **c.fsd** rs2, offset(rs1)

31	25 24	20 19	15 14	12 11	7 6	0
offset[11:5]	rs2	rs1	011	offset[4:0]	0100111	

---

fsflags rd, rs1
$t = CSRs[fflags]; CSRs[fflags] = x[rs1]; x[rd] = t$

交换浮点异常标志。伪指令, 在 RV32F 和 RV64F 中。

将 x[rs1] 写入浮点异常标志寄存器, 并将浮点异常标志寄存器的原值写入 x[rd]。展开为 **csrrw** rd, fflags, rs1。若省略 rd, 则默认为 x0。

---

fsgnj.d rd, rs1, rs2
$f[rd] = \{f[rs2][63], f[rs1][62:0]\}$

双精度浮点符号注入。R 型, 在 RV32D 和 RV64D 中。

用 f[rs1] 的阶码和尾数, 以及 f[rs2] 的符号位, 组成一个新的双精度浮点数, 并将其写入 f[rd]。

31	25 24	20 19	15 14	12 11	7 6	0
0010001	rs2	rs1	000	rd	1010011	

---

fsgnj.s rd, rs1, rs2
$f[rd] = \{f[rs2][31], f[rs1][30:0]\}$

单精度浮点符号注入。R 型, 在 RV32F 和 RV64F 中。

用 f[rs1] 的阶码和尾数, 以及 f[rs2] 的符号位, 组成一个新的单精度浮点数, 并将其写入 f[rd]。

31	25 24	20 19	15 14	12 11	7 6	0
0010000	rs2	rs1	000	rd	1010011	

---

fsgnjn.d rd, rs1, rs2   f[rd] = {~f[rs2][63], f[rs1][62:0]}

双精度浮点符号取反注入。R 型，在 RV32D 和 RV64D 中。

用 f[*rs1*] 的阶码和尾数，以及 f[*rs2*] 的符号位取反结果，组成一个新的双精度浮点数，并将其写入 f[*rd*]。

31	25 24	20 19	15 14	12 11	7 6	0
0010001	rs2	rs1	001	rd	1010011	

fsgnjn.s rd, rs1, rs2   f[rd] = {~f[rs2][31], f[rs1][30:0]}

单精度浮点符号取反注入。R 型，在 RV32F 和 RV64F 中。

用 f[*rs1*] 的阶码和尾数，以及 f[*rs2*] 的符号位取反结果，组成一个新的单精度浮点数，并将其写入 f[*rd*]。

31	25 24	20 19	15 14	12 11	7 6	0
0010000	rs2	rs1	001	rd	1010011	

fsgnjx.d rd, rs1, rs2   f[rd] = {f[rs1][63] ^ f[rs2][63], f[rs1][62:0]}

双精度浮点符号异或注入。R 型，在 RV32D 和 RV64D 中。

用 f[*rs1*] 的阶码和尾数，以及 f[*rs1*] 和 f[*rs2*] 符号位的异或结果，组成一个新的双精度浮点数，并将其写入 f[*rd*]。

31	25 24	20 19	15 14	12 11	7 6	0
0010001	rs2	rs1	010	rd	1010011	

fsgnjx.s rd, rs1, rs2   f[rd] = {f[rs1][31] ^ f[rs2][31], f[rs1][30:0]}

单精度浮点符号异或注入。R 型，在 RV32F 和 RV64F 中。

用 f[*rs1*] 的阶码和尾数，以及 f[*rs1*] 和 f[*rs2*] 符号位的异或结果，组成一个新的单精度浮点数，并将其写入 f[*rd*]。

31	25 24	20 19	15 14	12 11	7 6	0
0010000	rs2	rs1	010	rd	1010011	

fsqrt.d rd, rs1 $f[rd] = \sqrt{f[rs1]}$

双精度浮点求平方根。R 型，在 RV32D 和 RV64D 中。

计算 f[*rs1*] 中的双精度浮点数的平方根，将舍入后的双精度结果写入 f[*rd*]。

31	25 24	20 19	15 14	12 11	7 6	0
0101101	00000	rs1	rm	rd	1010011	

fsqrt.s rd, rs1　　　　　　　　　　　　　　　　　　　　　$f[rd] = \sqrt{f[rs1]}$

单精度浮点求平方根。R 型，在 RV32F 和 RV64F 中。

计算 f[*rs1*] 中的单精度浮点数的平方根，将舍入后的单精度结果写入 f[*rd*]。

31	25 24	20 19	15 14	12 11	7 6	0
0101100	00000	rs1	rm	rd	1010011	

fsrm rd, rs1　　　　　　　t = CSRs[frm]; CSRs[frm] = x[rs1]; x[rd] = t

交换浮点舍入模式。伪指令，在 RV32F 和 RV64F 中。

将 x[*rs1*] 写入浮点舍入模式寄存器，并将浮点舍入模式寄存器的原值写入 x[*rd*]。展开为 **csrrw rd, frm, rs1**。若省略 *rd*，则默认为 x0。

fsub.d rd, rs1, rs2　　　　　　　　　　　　　　　　f[rd] = f[rs1] - f[rs2]

双精度浮点减。R 型，在 RV32D 和 RV64D 中。

将 f[*rs1*] 与 f[*rs2*] 中的双精度浮点数相减，将舍入后的双精度结果写入 f[*rd*]。

31	25 24	20 19	15 14	12 11	7 6	0
0000101	rs2	rs1	rm	rd	1010011	

fsub.s rd, rs1, rs2　　　　　　　　　　　　　　　　f[rd] = f[rs1] - f[rs2]

单精度浮点减。R 型，在 RV32F 和 RV64F 中。

将 f[*rs1*] 与 f[*rs2*] 中的单精度浮点数相减，将舍入后的单精度结果写入 f[*rd*]。

31	25 24	20 19	15 14	12 11	7 6	0
0000100	rs2	rs1	rm	rd	1010011	

fsw rs2, offset(rs1)　　　　　　　M[x[rs1] + sext(offset)] = f[rs2][31:0]

存浮点字。S 型，在 RV32F 和 RV64F 中。

将 f[*rs2*] 中的单精度浮点数写入内存地址 x[*rs1*] + *sign-extend*(*offset*) 中。

压缩形式：**c.fswsp** rs2, offset; **c.fsw** rs2, offset(rs1)

31	25 24	20 19	15 14	12 11	7 6	0
offset[11:5]	rs2	rs1	010	offset[4:0]	0100111	

j offset　　　　　　　　　　　　　　　　　　　　pc += sext(offset)

跳转。伪指令，在 RV32I 和 RV64I 中。

将 *pc* 设为当前 *pc* 加上符号扩展后的 *offset*。展开为 **jal** x0, offset。

jal rd, offset

x[rd] = pc+4; pc += sext(offset)

跳转并链接。J 型，在 RV32I 和 RV64I 中。

将下一条指令的地址（*pc*+4）写入 x[*rd*]，然后将 *pc* 设为当前 *pc* 加上符号扩展后的 *offset*。若省略 *rd*，则默认为 x1。

压缩形式：**c.j** offset; **c.jal** offset

31		12 11		7 6	0
offset[20|10:1|11|19:12]		rd		1101111	

jalr rd, offset(rs1)

t=pc+4; pc=(x[rs1]+sext(offset))&~1; x[rd]=t

寄存器跳转并链接。I 型，在 RV32I 和 RV64I 中。

将 *pc* 设为 x[*rs1*] + *sign-extend*(*offset*)，将跳转地址的最低位清零，并将原 *pc*+4 写入 x[*rd*]。若省略 *rd*，则默认为 x1。

压缩形式：**c.jr** rs1; **c.jalr** rs1

31	20 19	15 14	12 11	7 6	0
offset[11:0]	rs1	000	rd	1100111	

jr rs1

pc = x[rs1]

寄存器跳转。伪指令，在 RV32I 和 RV64I 中。

将 *pc* 设为 x[*rs1*]。展开为 **jalr** x0, 0(rs1)。

la rd, symbol

x[rd] = &symbol

装入地址。伪指令，在 RV32I 和 RV64I 中。

将 *symbol* 的地址装入 x[*rd*]。当汇编位置无关代码时，它展开为对全局偏移量表（Global Offset Table）的读入操作：在 RV32I 中展开为 **auipc** rd, offsetHi 和 **lw** rd, offsetLo(rd)；在 RV64I 中则展开为 **auipc** rd, offsetHi 和 **ld** rd, offsetLo(rd)。否则，它展开为 **auipc** rd, offsetHi 和 **addi** rd, rd, offsetLo。

lb rd, offset(rs1)

x[rd] = sext(M[x[rs1] + sext(offset)][7:0])

取字节。I 型，在 RV32I 和 RV64I 中。

从地址 x[*rs1*] + *sign-extend*(*offset*) 读取 1 字节，符号扩展后写入 x[*rd*]。

31	20 19	15 14	12 11	7 6	0
offset[11:0]	rs1	000	rd	0000011	

lbu rd, offset(rs1)   x[rd] = M[x[rs1] + sext(offset)][7:0]

取无符号字节。I 型，在 RV32I 和 RV64I 中。

从地址 x[*rs1*] + *sign-extend*(*offset*) 读取 1 字节，零扩展后写入 x[*rd*]。

31	20 19	15 14	12 11	7 6	0
offset[11:0]	rs1	100	rd	0000011	

ld rd, offset(rs1)   x[rd] = M[x[rs1] + sext(offset)][63:0]

取双字。I 型，仅在 RV64I 中。

从地址 x[*rs1*] + *sign-extend*(*offset*) 读取 8 字节，写入 x[*rd*]。

压缩形式: **c.ldsp** rd, offset; **c.ld** rd, offset(rs1)

31	20 19	15 14	12 11	7 6	0
offset[11:0]	rs1	011	rd	0000011	

lh rd, offset(rs1)   x[rd] = sext(M[x[rs1] + sext(offset)][15:0])

取半字。I 型，在 RV32I 和 RV64I 中。

从地址 x[*rs1*] + *sign-extend*(*offset*) 读取 2 字节，符号扩展后写入 x[*rd*]。

31	20 19	15 14	12 11	7 6	0
offset[11:0]	rs1	001	rd	0000011	

lhu rd, offset(rs1)   x[rd] = M[x[rs1] + sext(offset)][15:0]

取无符号半字。I 型，在 RV32I 和 RV64I 中。

从地址 x[*rs1*] + *sign-extend*(*offset*) 读取 2 字节，零扩展后写入 x[*rd*]。

31	20 19	15 14	12 11	7 6	0
offset[11:0]	rs1	101	rd	0000011	

li rd, immediate   x[rd] = immediate

装入立即数。伪指令，在 RV32I 和 RV64I 中。

使用尽可能少的指令将常量装入 x[*rd*]。在 RV32I 中，它展开为 **lui** 和/或 **addi**；在 RV64I 中的展开结果较长：**lui, addi, slli, addi, slli, addi, slli, addi**。

lla rd, symbol   x[rd] = &symbol

装入本地地址。伪指令，在 RV32I 和 RV64I 中。

将 *symbol* 的地址装入 x[*rd*]。展开为 **auipc** rd, offsetHi 和 **addi** rd, rd, offsetLo。

lr.d rd, (rs1)   x[rd] = LoadReserved64(M[x[rs1]])

预订取双字。R 型，仅在 RV64A 中。

从地址 x[*rs1*] 读取 8 字节，写入 x[*rd*]，并预订该内存双字。

31	27	26	25	24	20	19	15	14	12	11	7	6	0
00010		aq	rl	00000		rs1		011		rd		0101111	

lr.w rd, (rs1)   x[rd] = LoadReserved32(M[x[rs1]])

预订取字。R 型，在 RV32A 和 RV64A 中。

从地址 x[*rs1*] 读取 4 字节，符号扩展后写入 x[*rd*]，并预订该内存字。

31	27	26	25	24	20	19	15	14	12	11	7	6	0
00010		aq	rl	00000		rs1		010		rd		0101111	

lui rd, immediate   x[rd] = sext(immediate[31:12] << 12)

装入高位立即数。U 型，在 RV32I 和 RV64I 中。

将 20 位 *immediate* 符号扩展后左移 12 位，并将低 12 位置零，结果写入 x[*rd*]。

压缩形式：**c.lui** rd, imm

31	12	11	7	6	0
immediate[31:12]		rd		0110111	

lw rd, offset(rs1)   x[rd] = sext(M[x[rs1] + sext(offset)][31:0])

取字。I 型，在 RV32I 和 RV64I 中。

从地址 x[*rs1*] + *sign-extend*(*offset*) 读取 4 字节，写入 x[*rd*]。在 RV64I 中，对结果要进行符号扩展。

压缩形式：**c.lwsp** rd, offset；**c.lw** rd, offset(rs1)

31	20	19	15	14	12	11	7	6	0
offset[11:0]		rs1		010		rd		0000011	

lwu rd, offset(rs1)   x[rd] = M[x[rs1] + sext(offset)][31:0]

取无符号字。I 型，仅在 RV64I 中。

从地址 x[*rs1*] + *sign-extend*(*offset*) 读取 4 字节，零扩展后写入 x[*rd*]。

31	20	19	15	14	12	11	7	6	0
offset[11:0]		rs1		110		rd		0000011	

mret

ExceptionReturn(Machine)

机器模式异常返回。R 型，在 RV32I 和 RV64I 的特权架构中。

从机器模式的异常处理程序返回。将 *pc* 设为 CSRs[mepc]，将特权级设为 CSRs[mstatus].MPP，将 CSRs[mstatus].MIE 设为 CSRs[mstatus].MPIE，并将 CSRs[mstatus].MPIE 设为 1。若支持用户模式，则将 CSR[mstatus].MPP 设为 0。

31	25 24	20 19	15 14	12 11	7 6	0
0011000	00010	00000	000	00000	1110011	

mul rd, rs1, rs2

x[rd] = x[rs1] × x[rs2]

乘。R 型，在 RV32M 和 RV64M 中。

将 x[*rs2*] 与 x[*rs1*] 相乘，乘积写入 x[*rd*]。忽略算术溢出。

31	25 24	20 19	15 14	12 11	7 6	0
0000001	rs2	rs1	000	rd	0110011	

mulh rd, rs1, rs2

x[rd] = (x[rs1] $_s\times_s$ x[rs2]) >>$_s$ XLEN

高位乘。R 型，在 RV32M 和 RV64M 中。

将 x[*rs2*] 与 x[*rs1*] 视为补码并相乘，乘积的高位写入 x[*rd*]。

31	25 24	20 19	15 14	12 11	7 6	0
0000001	rs2	rs1	001	rd	0110011	

mulhsu rd, rs1, rs2

x[rd] = (x[rs1] $_s\times_u$ x[rs2]) >>$_s$ XLEN

高位有符号-无符号乘。R 型，在 RV32M 和 RV64M 中。

将 x[*rs1*]（视为补码）与 x[*rs1*]（视为无符号数）相乘，乘积的高位写入 x[*rd*]。

31	25 24	20 19	15 14	12 11	7 6	0
0000001	rs2	rs1	010	rd	0110011	

mulhu rd, rs1, rs2

x[rd] = (x[rs1] $_u\times_u$ x[rs2]) >>$_u$ XLEN

高位无符号乘。R 型，在 RV32M 和 RV64M 中。

将 x[*rs2*] 与 x[*rs1*] 视为无符号数并相乘，乘积的高位写入 x[*rd*]。

31	25 24	20 19	15 14	12 11	7 6	0
0000001	rs2	rs1	011	rd	0110011	

mulw rd, rs1, rs2 $\qquad$ x[rd] = sext((x[rs1] × x[rs2])[31:0])

乘字。R 型，仅在 RV64M 中。

将 x[*rs2*] 与 x[*rs1*] 相乘，乘积截为 32 位，符号扩展后写入 x[*rd*]。忽略算术溢出。

31		25 24		20 19		15 14		12 11		7 6		0
	0000001		rs2		rs1		000		rd		0111011	

mv rd, rs1 $\qquad$ x[rd] = x[rs1]

数据传送。伪指令，在 RV32I 和 RV64I 中。

将 x[*rs1*] 复制到 x[*rd*] 中。展开为 **addi** rd, rs1, 0。

neg rd, rs2 $\qquad$ x[rd] = -x[rs2]

取负。伪指令，在 RV32I 和 RV64I 中。

将 x[*rs2*] 的相反数写入 x[*rd*]。展开为 **sub** rd, x0, rs2。

negw rd, rs2 $\qquad$ x[rd] = sext((-x[rs2])[31:0])

取负字。伪指令，仅在 RV64I 中。

将 x[*rs2*] 的相反数截为 32 位，符号扩展后写入 x[*rd*]。展开为 **subw** rd, x0, rs2。

nop $\qquad$ *Nothing*

空操作。伪指令，在 RV32I 和 RV64I 中。

仅让 *pc* 指向下一条指令。展开为 **addi** x0, x0, 0。

not rd, rs1 $\qquad$ x[rd] = ~x[rs1]

取反。伪指令，在 RV32I 和 RV64I 中。

将 x[*rs1*] 按位取反后写入 x[*rd*]。展开为 **xori** rd, rs1, -1。

or rd, rs1, rs2 $\qquad$ x[rd] = x[rs1] | x[rs2]

或。R 型，在 RV32I 和 RV64I 中。

将 x[*rs1*] 和 x[*rs2*] 按位或的结果写入 x[*rd*]。

压缩形式：**c.or** rd, rs2

31		25 24		20 19		15 14		12 11		7 6		0
	0000000		rs2		rs1		110		rd		0110011	

ori rd, rs1, immediate $\qquad$ x[rd] = x[rs1] | sext(immediate)

或立即数。I 型，在 RV32I 和 RV64I 中。

将 x[*rs1*] 和符号扩展后的 *immediate* 按位或的结果写入 x[*rd*]。

31		20 19		15 14		12 11		7 6		0
	immediate[11:0]		rs1		110		rd		0010011	

rdcycle rd
$$x[rd] = CSRs[cycle]$$

读周期计数器。伪指令，在 RV32I 和 RV64I 中。

将经过的周期数写入 x[*rd*]。展开为 **csrrs** rd, cycle, x0。

rdcycleh rd
$$x[rd] = CSRs[cycleh]$$

读周期计数器高位。伪指令，仅在 RV32I 中。

将经过的周期数右移 32 位后写入 x[*rd*]。展开为 **csrrs** rd, cycleh, x0。

rdinstret rd
$$x[rd] = CSRs[instret]$$

读已提交指令计数器。伪指令，在 RV32I 和 RV64I 中。

将已提交指令数写入 x[*rd*]。展开为 **csrrs** rd, instret, x0。

rdinstreth rd
$$x[rd] = CSRs[instreth]$$

读已提交指令计数器高位。伪指令，仅在 RV32I 中。

将已提交指令数右移 32 位后写入 x[*rd*]。展开为 **csrrs** rd, instreth, x0。

rdtime rd
$$x[rd] = CSRs[time]$$

读时间。伪指令，在 RV32I 和 RV64I 中。

将当前时间写入 x[*rd*]，时钟频率与平台相关。展开为 **csrrs** rd, time, x0。

rdtimeh rd
$$x[rd] = CSRs[timeh]$$

读时间高位。伪指令，仅在 RV32I 中。

将当前时间右移 32 位后写入 x[*rd*]，时间频率与平台相关。展开为 **csrrs** rd, timeh, x0。

rem rd, rs1, rs2
$$x[rd] = x[rs1] \%_s x[rs2]$$

求余数。R 型，在 RV32M 和 RV64M 中。

将 x[*rs1*] 和 x[*rs2*] 视为补码并相除，向 0 舍入，将余数写入 x[*rd*]。

31	25 24	20 19	15 14	12 11	7 6	0
0000001	rs2	rs1	110	rd	0110011	

remu rd, rs1, rs2
$$x[rd] = x[rs1] \%_u x[rs2]$$

求无符号余数。R 型，在 RV32M 和 RV64M 中。

将 x[*rs1*] 和 x[*rs2*] 视为无符号数并相除，向 0 舍入，将余数写入 x[*rd*]。

31	25 24	20 19	15 14	12 11	7 6	0
0000001	rs2	rs1	111	rd	0110011	

remuw rd, rs1, rs2 $x[rd] = sext(x[rs1][31:0] \%_u x[rs2][31:0])$

求无符号余数字。R 型，仅在 RV64M 中。

将 x[*rs1*] 和 x[*rs2*] 的低 32 位视为无符号数并相除，向 0 舍入，将 32 位余数符号扩展后写入 x[*rd*]。

31	25 24	20 19	15 14	12 11	7 6	0
0000001	rs2	rs1	111	rd	0111011	

remw rd, rs1, rs2 $x[rd] = sext(x[rs1][31:0] \%_s x[rs2][31:0])$

求余数字。R 型，仅在 RV64M 中。

将 x[*rs1*] 和 x[*rs2*] 的低 32 位视为补码并相除，向 0 舍入，将 32 位余数符号扩展后写入 x[*rd*]。

31	25 24	20 19	15 14	12 11	7 6	0
0000001	rs2	rs1	110	rd	0111011	

ret   pc = x[1]

返回。伪指令，在 RV32I 和 RV64I 中。

从子过程返回。展开为 **jalr** x0, 0(x1)。

sb rs2, offset(rs1)   M[x[rs1] + sext(offset)] = x[rs2][7:0]

存字节。S 型，在 RV32I 和 RV64I 中。

将 x[*rs2*] 的最低字节写入内存地址 x[*rs1*]+*sign-extend*(*offset*)。

31	25 24	20 19	15 14	12 11	7 6	0
offset[11:5]	rs2	rs1	000	offset[4:0]	0100011	

sc.d rd, rs2, (rs1)   x[rd] = StoreConditional64(M[x[rs1]], x[rs2])

条件存双字。R 型，仅在 RV64A 中。

若内存地址 x[*rs1*] 被预订，则将 x[*rs2*] 中的 8 字节写入该地址。若写入成功，则向 x[*rd*] 中写入 0，否则写入一个非 0 的错误码。

31	27 26	25 24	20 19	15 14	12 11	7 6	0
00011	aq	rl	rs2	rs1	011	rd	0101111	

sc.w rd, rs2, (rs1)   x[rd] = StoreConditional32(M[x[rs1]], x[rs2])

条件存字。R 型，在 RV32A 和 RV64A 中。

若内存地址 x[*rs1*] 被预订，则将 x[*rs2*] 中的 4 字节写入该地址。若写入成功，则向 x[*rd*] 中写入 0，否则写入一个非 0 的错误码。

31	27 26	25 24	20 19	15 14	12 11	7 6	0
00011	aq	rl	rs2	rs1	010	rd	0101111	

sd rs2, offset(rs1)　　　　　　　　　M[x[rs1] + sext(offset)] = x[rs2][63:0]

存双字。S 型, 仅在 RV64I 中。

将 x[*rs2*] 中的 8 字节写入内存地址 x[*rs1*]+*sign-extend*(*offset*)。

压缩形式: **c.sdsp** rs2, offset; **c.sd** rs2, offset(rs1)

31	25	24	20	19	15	14	12	11	7	6	0
offset[11:5]		rs2		rs1		011		offset[4:0]		0100011	

seqz rd, rs1　　　　　　　　　　　　　　　x[rd] = (x[rs1] == 0)

等于零时置位。伪指令, 在 RV32I 和 RV64I 中。

若 x[*rs1*] 等于 0, 则向 x[*rd*] 中写入 1, 否则写入 0。展开为 **sltiu** rd, rs1, 1。

sext.w rd, rs1　　　　　　　　　　　　x[rd] = sext(x[rs1][31:0])

符号扩展字。伪指令, 仅在 RV64I 中。

将 x[*rs1*] 的低 32 位的符号扩展结果写入 x[*rd*]。展开为 **addiw** rd, rs1, 0。

sfence.vma rs1, rs2　　　　　Fence(Store, AddressTranslation)

虚拟内存屏障。R 型, 在 RV32I 和 RV64I 的特权架构中。

将前驱的页表写入操作与后续的虚拟地址翻译过程定序。当 *rs2*=0 时, 将影响所有地址空间的翻译; 否则, 仅标识为 x[*rs2*] 的地址空间的翻译需要定序。当 *rs1*=0 时, 指定地址空间中所有虚拟地址的翻译都需要定序; 否则, 仅其中包含虚拟地址 x[*rs1*] 的页面的翻译需要定序。

31	25	24	20	19	15	14	12	11	7	6	0
0001001		rs2		rs1		000		00000		1110011	

sgtz rd, rs2　　　　　　　　　　　　　　x[rd] = (x[rs2] >ₛ 0)

大于零则置位。伪指令, 在 RV32I 和 RV64I 中。

若 x[*rs2*] 大于 0, 则向 x[*rd*] 中写入 1, 否则写入 0。展开为 **slt** rd, x0, rs2。

sh rs2, offset(rs1)　　　　　　　M[x[rs1] + sext(offset)] = x[rs2][15:0]

存半字。S 型, 在 RV32I 和 RV64I 中。

将 x[*rs2*] 的最低 2 字节写入内存地址 x[*rs1*]+*sign-extend*(*offset*)。

31	25	24	20	19	15	14	12	11	7	6	0
offset[11:5]		rs2		rs1		001		offset[4:0]		0100011	

sll rd, rs1, rs2   x[rd] = x[rs1] << x[rs2]

逻辑左移。R 型，在 RV32I 和 RV64I 中。

将 x[*rs1*] 左移 x[*rs2*] 位，空位补零，结果写入 x[*rd*]。x[*rs2*] 的低 5 位（在 RV64I 中是低 6 位）为移位位数，高位忽略。

31	25	24	20	19	15	14	12	11	7	6	0
0000000		rs2		rs1		001		rd		0110011	

slli rd, rs1, shamt   x[rd] = x[rs1] << shamt

逻辑左移立即数。I 型，在 RV32I 和 RV64I 中。

将 x[*rs1*] 左移 *shamt* 位，空位补零，结果写入 x[*rd*]。在 RV32I 中，仅当 *shamt*[5]=0 时该指令合法。

压缩形式：**c.slli** rd, shamt

31	26	25	20	19	15	14	12	11	7	6	0
000000		shamt		rs1		001		rd		0010011	

slliw rd, rs1, shamt   x[rd] = sext((x[rs1] << shamt)[31:0])

逻辑左移立即数字。I 型，仅在 RV64I 中。

将 x[*rs1*] 左移 *shamt* 位，空位补零，结果截为 32 位，符号扩展后写入 x[*rd*]。仅当 *shamt*[5]=0 时该指令合法。

31	26	25	20	19	15	14	12	11	7	6	0
000000		shamt		rs1		001		rd		0011011	

sllw rd, rs1, rs2   x[rd] = sext((x[rs1] << x[rs2][4:0])[31:0])

逻辑左移字。R 型，仅在 RV64I 中。

将 x[*rs1*] 的低 32 位左移 x[*rs2*] 位，空位补零，符号扩展后写入 x[*rd*]。x[*rs2*] 的低 5 位为移位位数，高位忽略。

31	25	24	20	19	15	14	12	11	7	6	0
0000000		rs2		rs1		001		rd		0111011	

slt rd, rs1, rs2   x[rd] = x[rs1] <$_s$ x[rs2]

小于则置位。R 型，在 RV32I 和 RV64I 中。

比较 x[*rs1*] 和 x[*rs2*]（视为补码），若 x[*rs1*] 更小，则向 x[*rd*] 中写入 1，否则写入 0。

31	25	24	20	19	15	14	12	11	7	6	0
0000000		rs2		rs1		010		rd		0110011	

slti rd, rs1, immediate $x[rd] = x[rs1] <_s \text{sext(immediate)}$

小于立即数则置位。I 型，在 RV32I 和 RV64I 中。

比较 x[*rs1*] 和符号扩展后的 *immediate*（视为补码），若 x[*rs1*] 更小，则向 x[*rd*] 中写入 1，否则写入 0。

31	20 19	15 14	12 11	7 6	0
immediate[11:0]	rs1	010	rd	0010011	

sltiu rd, rs1, immediate $x[rd] = x[rs1] <_u \text{sext(immediate)}$

无符号小于立即数则置位。I 型，在 RV32I 和 RV64I 中。

比较 x[*rs1*] 和符号扩展后的 *immediate*（视为无符号数），若 x[*rs1*] 更小，则向 x[*rd*] 中写入 1，否则写入 0。

31	20 19	15 14	12 11	7 6	0
immediate[11:0]	rs1	011	rd	0010011	

sltu rd, rs1, rs2 $x[rd] = x[rs1] <_u x[rs2]$

无符号小于则置位。R 型，在 RV32I 和 RV64I 中。

比较 x[*rs1*] 和 x[*rs2*]（视为无符号数），若 x[*rs1*] 更小，则向 x[*rd*] 中写入 1，否则写入 0。

31	25 24	20 19	15 14	12 11	7 6	0
0000000	rs2	rs1	011	rd	0110011	

sltz rd, rs1 $x[rd] = (x[rs1] <_s 0)$

小于零则置位。伪指令，在 RV32I 和 RV64I 中。

若 x[*rs1*] 小于 0，则向 x[*rd*] 中写入 1，否则写入 0。展开为 **slt rd, rs1, x0**。

snez rd, rs2 $x[rd] = (x[rs2] \neq 0)$

不等于零则置位。伪指令，在 RV32I 和 RV64I 中。

若 x[*rs2*] 不等于 0，则向 x[*rd*] 中写入 1，否则写入 0。展开为 **sltu rd, x0, rs2**。

sra rd, rs1, rs2 $x[rd] = x[rs1] >>_s x[rs2]$

算术右移。R 型，在 RV32I 和 RV64I 中。

将 x[*rs1*] 右移 x[*rs2*] 位，空位用 x[*rs1*] 的最高位填充，结果写入 x[*rd*]。x[*rs2*] 的低 5 位（在 RV64I 中是低 6 位）为移位位数，高位忽略。

31	25 24	20 19	15 14	12 11	7 6	0
0100000	rs2	rs1	101	rd	0110011	

srai rd, rs1, shamt x[rd] = x[rs1] >>$_s$ shamt

算术右移立即数。I 型，在 RV32I 和 RV64I 中。

将 x[*rs1*] 右移 *shamt* 位，空位用 x[*rs1*] 的最高位填充，结果写入 x[*rd*]。在 RV32I 中，仅当 *shamt*[5]=0 时该指令合法。

压缩形式：**c.srai** rd, shamt

31	26 25	20 19	15 14	12 11	7 6	0
010000	shamt	rs1	101	rd	0010011	

sraiw rd, rs1, shamt x[rd] = sext(x[rs1][31:0] >>$_s$ shamt)

算术右移立即数字。I 型，仅在 RV64I 中。

将 x[*rs1*] 的低 32 位右移 *shamt* 位，空位用 x[*rs1*][31] 填充，将 32 位结果符号扩展后写入 x[*rd*]。仅当 *shamt*[5]=0 时该指令合法。

31	26 25	20 19	15 14	12 11	7 6	0
010000	shamt	rs1	101	rd	0011011	

sraw rd, rs1, rs2 x[rd] = sext(x[rs1][31:0] >>$_s$ x[rs2][4:0])

算术右移字。R 型，仅在 RV64I 中。

将 x[*rs1*] 的低 32 位右移 x[*rs2*] 位，空位用 x[*rs1*][31] 填充，将 32 位结果符号扩展后写入 x[*rd*]。x[*rs2*] 的低 5 位为移位位数，高位忽略。

31	25 24	20 19	15 14	12 11	7 6	0
0100000	rs2	rs1	101	rd	0111011	

sret ExceptionReturn(Supervisor)

监管模式异常返回。R 型，在 RV32I 和 RV64I 的特权架构中。

从监管模式的异常处理程序返回。将 *pc* 设为 CSRs[sepc]，将特权模式设为 CSRs[sstatus].SPP，将 CSRs[sstatus].SIE 设为 CSRs[sstatus].SPIE，将 CSRs[sstatus].SPIE 设为 1，将 CSRs[sstatus].SPP 设为 0。

31	25 24	20 19	15 14	12 11	7 6	0
0001000	00010	00000	000	00000	1110011	

srl rd, rs1, rs2 x[rd] = x[rs1] >>$_u$ x[rs2]

逻辑右移。R 型，在 RV32I 和 RV64I 中。

将 x[*rs1*] 右移 x[*rs2*] 位，空位补零，结果写入 x[*rd*]。x[*rs2*] 的低 5 位（在 RV64I 中是低 6 位）为移位位数，高位忽略。

31	25 24	20 19	15 14	12 11	7 6	0
0000000	rs2	rs1	101	rd	0110011	

srli rd, rs1, shamt $\qquad$ x[rd] = x[rs1] >>_u shamt

逻辑右移立即数。I 型，在 RV32I 和 RV64I 中。

将 x[rs1] 右移 shamt 位，空位补零，结果写入 x[rd]。在 RV32I 中，仅当 shamt[5]=0 时该指令合法。

压缩形式: **c.srli** rd, shamt

31	26 25	20 19	15 14	12 11	7 6	0
000000	shamt	rs1	101	rd	0010011	

srliw rd, rs1, shamt $\qquad$ x[rd] = sext(x[rs1][31:0] >>_u shamt)

逻辑右移立即数字。I 型，仅在 RV64I 中。

将 x[rs1] 的低 32 位右移 shamt 位，空位补零，结果截为 32 位，符号扩展后写入 x[rd]。仅当 shamt[5]=0 时该指令合法。

31	26 25	20 19	15 14	12 11	7 6	0
000000	shamt	rs1	101	rd	0011011	

srlw rd, rs1, rs2 $\qquad$ x[rd] = sext(x[rs1][31:0] >>_u x[rs2][4:0])

逻辑右移字。R 型，仅在 RV64I 中。

将 x[rs1] 的低 32 位右移 x[rs2] 位，空位补零，符号扩展后写入 x[rd]。x[rs2] 的低 5 位为移位位数，高位忽略。

31	25 24	20 19	15 14	12 11	7 6	0
0000000	rs2	rs1	101	rd	0111011	

sub rd, rs1, rs2 $\qquad$ x[rd] = x[rs1] - x[rs2]

减。R 型，在 RV32I 和 RV64I 中。

将 x[rs1] 减去 x[rs2]，结果写入 x[rd]。忽略算术溢出。

压缩形式: **c.sub** rd, rs2

31	25 24	20 19	15 14	12 11	7 6	0
0100000	rs2	rs1	000	rd	0110011	

subw rd, rs1, rs2 $\qquad$ x[rd] = sext((x[rs1] - x[rs2])[31:0])

减字。R 型，仅在 RV64I 中。

将 x[rs1] 减去 x[rs2]，结果截为 32 位，符号扩展后写入 x[rd]。忽略算术溢出。

压缩形式: **c.subw** rd, rs2

31	25 24	20 19	15 14	12 11	7 6	0
0100000	rs2	rs1	000	rd	0111011	

SW　rs2, offset(rs1)　　　　　　　M[x[rs1] + sext(offset)] = x[rs2][31:0]

存字。S 型，在 RV32I 和 RV64I 中。

将 x[*rs2*] 的最低 4 字节写入内存地址 x[*rs1*]+*sign-extend*(*offset*)。

压缩形式：**c.swsp** rs2, offset; **c.sw** rs2, offset(rs1)

31	25 24	20 19	15 14	12 11	7 6	0
offset[11:5]	rs2	rs1	010	offset[4:0]	0100011	

tail　symbol　　　　　　　　　　　pc = &symbol; clobber x[6]

尾调用。伪指令，在 RV32I 和 RV64I 中。

将 *pc* 设为 *symbol*，x[6] 将被覆盖。展开为 **auipc** x6, offsetHi 和 **jalr** x0, offsetLo(x6)。

wfi　　　　　　　　　　　　　　while (noInterruptsPending) idle

等待中断。R 型，在 RV32I 和 RV64I 的特权架构中。

若无中断请求，则使处理器空闲以节省能耗。

31	25 24	20 19	15 14	12 11	7 6	0
0001000	00101	00000	000	00000	1110011	

xor　rd, rs1, rs2　　　　　　　　　x[rd] = x[rs1] ^ x[rs2]

异或。R 型，在 RV32I 和 RV64I 中。

将 x[*rs1*] 和 x[*rs2*] 按位异或，结果写入 x[*rd*]。

压缩形式：**c.xor** rd, rs2

31	25 24	20 19	15 14	12 11	7 6	0
0000000	rs2	rs1	100	rd	0110011	

xori　rd, rs1, immediate　　　　　x[rd] = x[rs1] ^ sext(immediate)

异或立即数。I 型，在 RV32I 和 RV64I 中。

将 x[*rs1*] 和符号扩展后的 *immediate* 按位异或，结果写入 x[*rd*]。

31	20 19	15 14	12 11	7 6	0
immediate[11:0]	rs1	100	rd	0010011	

附录 B

把 RISC-V 直译到其他 ISA

风格之美、和谐之美、优雅之美、动听的节奏之美，取决于简约。

——柏拉图（Plato），《理想国》

B.1 导言

柏拉图（公元前 428—公元前 348）是一位古希腊哲学家，他奠定了西方数学、哲学和科学的基础。

本附录用表格列出如何将 RV32I 的常见指令和惯用语直译为等价的 ARM-32 和 x86-32 代码。编写本附录是为了帮助那些熟悉 ARM-32 或 x86-32，但不熟悉 RISC-V 的程序员学习 RISC-V，并帮助他们把旧 ISA 的代码翻译为基础的 RISC-V 代码。本附录以一个遍历二叉树的 C 语言程序结尾，同时给出了三款 ISA 的带注释汇编代码。为明确指令间的对应关系，我们将三份代码的指令排布得尽可能相似。

图 B.1 展示了采用最常用的寻址模式时 RV32I 和 ARM-32 访存指令的相似性。由于 x86 ISA 属于存储器-寄存器型，而不像 RV32I 和 ARM-32 ISA 那样属于 load-store 型，因此 x86 采用数据传送指令访问内存。

描述	RV32I	ARM-32	x86-32
取字	lw t0, 4(t1)	ldr r0, [r1, #4]	mov eax, [edi+4]
取半字	lh t0, 4(t1)	ldrsh r0, [r1, #4]	movsx eax,WORD PTR[edi+4]
取无符号半字	lhu t0, 4(t1)	ldrh r0, [r1, #4]	movzx eax,WORD PTR[edi+4]
取字节	lb t0, 4(t1)	ldrsb r0, [r1, #4]	movsx eax,BYTE PTR[edi+4]
取无符号字节	lbu t0, 4(t1)	ldrb r0, [r1, #4]	movzx eax,BYTE PTR[edi+4]
存字节	sb t0, 4(t1)	strb r0, [r1, #4]	mov [edi+4], al
存半字	sh t0, 4(t1)	strh r0, [r1, #4]	mov [edi+4], ax
存字	sw t0, 4(t1)	str r0, [r1, #4]	mov [edi+4], eax

图 B.1 RV32I 的访存指令被翻译成 ARM-32 和 x86-32

简洁

除了标准的整数算术指令、逻辑指令和移位指令，图 B.2 还展示了各 ISA 如何完成一些常用操作。例如，要把一个寄存器清零，RV32I 使用伪指令 li，ARM-32 使用立即数传送指令，x86-32 则将寄存器与其自身异或。虽然 x86-32 的变长指令格式使其能用一条指令装入一个很大的常数，但二操作数的限制在一些情况下会增加指令数。实际执行的多数指令都是传统的加减指令、逻辑指令和移位指令，这些指令在各 ISA 之间可一一对应。

描述	RV32I	ARM-32	x86-32
清零寄存器	li t0, 0	mov r0, #0	xor eax, eax
传送寄存器	mv t0, t1	mov r0, r1	mov eax, edi
取反	not t0, t1	mvn r0, r1	not eax, edi
取负	neg t0, t1	rsb r0, r1, #0	mov eax, edi neg eax
装入大常数	lui t0, 0xABCDE addi t0, t0, 0x123	movw r0, #0xE123 movt r0, #0xABCD	mov eax, 0xABCDE123
PC 写入寄存器	auipc t0, 0	ldr r0, [pc, #-8]	call 1f 1: pop eax
加	add t0, t1, t2	add r0, r1, r2	lea eax, [edi+esi]
加立即数	addi t0, t0, 1	add r0, r0, #1	add eax, 1
减	sub t0, t0, t1	sub r0, r0, r1	sub eax, edi
寄存器为 0 时置位	sltiu t0, t1, 1	rsbs r0, r1, #1 movcc r0, #0	xor eax, eax test edx, edx sete al
寄存器为非 0 时置位	sltu t0, x0, t1	adds r0, r1, #0 movne r0, #1	xor eax, eax test edx, edx setne al
按位或	or t0, t0, t1	orr r0, r0, r1	or eax, edi
按位与	and t0, t0, t1	and r0, r0, r1	and eax, edi
按位异或	xor t0, t0, t1	eor r0, r0, r1	xor eax, edi
按位或立即数	ori t0, t0, 1	orr r0, r0, #1	or eax, 1
按位与立即数	andi t0, t0, 1	and r0, r0, #1	and eax, 1
按位异或立即数	xori t0, t0, 1	eor r0, r0, #1	xor eax, 1
左移	sll t0, t0, t1	lsl r0, r0, r1	sal eax, cl
逻辑右移	srl t0, t0, t1	lsr r0, r0, r1	shr eax, cl
算术右移	sra t0, t0, t1	asr r0, r0, r1	sar eax, cl
左移立即数	slli t0, t0, 1	lsl r0, r0, #1	sal eax, 1
逻辑右移立即数	srli t0, t0, 1	lsr r0, r0, #1	shr eax, 1
算术右移立即数	srai t0, t0, 1	asr r0, r0, #1	sar eax, 1

图 B.2 RV32I 的算术指令被翻译成 ARM-32 和 x86-32

x86-32 采用二操作数指令格式，其指令数通常多于采用三操作数指令格式的 ARM-32 和 RV32I。

性能

图 B.3 列出了条件/无条件分支指令和调用指令。ARM-32 和 x86-32 采用基于条件码的条件分支，故需要两条指令，而 RV32I 只需要一条指令。正如第 2 章图 2.5 至图 2.10 所示，尽管 RISC-V 采取极简主义的指令集设计方案，但在插入排序的例子中，RISC-V 采用比较 – 执行分支指令所节省的指令数，与 ARM-32 和 x86-32 采用复杂寻址模式以及压栈/弹栈指令所节省的指令数相当。

描述	RV32I	ARM-32	x86-32
相等时分支	beq t0, t1, foo	cmp r0, r1 beq foo	cmp eax, esi je foo
不等时分支	bne t0, t1, foo	cmp r0, r1 bne foo	cmp eax, esi jne foo
小于时分支	blt t0, t1, foo	cmp r0, r1 blt foo	cmp eax, esi jl foo
有符号大于或等于时分支	bge t0, t1, foo	cmp r0, r1 bge foo	cmp eax, esi jge foo
无符号小于时分支	bltu t0, t1, foo	cmp r0, r1 bcc foo	cmp eax, esi jb foo
无符号大于或等于时分支	bgeu t0, t1, foo	cmp r0, r1 bcs foo	cmp eax, esi jnb foo
等于零时分支	beqz t0, foo	cmp r0, #0 beq foo	test eax, eax je foo
不等于零时分支	bnez t0, foo	cmp r0, #0 bne foo	test eax, eax jne foo
直接跳转或尾调用	jal x0, foo	b foo	jmp foo
子过程调用	jal ra, foo	bl foo	call foo
子过程返回	jalr x0, 0(ra)	bx lr	ret
间接调用	jalr ra, 0(t0)	blx r0	call eax
间接跳转或尾调用	jalr x0, 0(t0)	bx r0	jmp eax

图 B.3 RV32I 的控制流指令被翻译成 ARM-32 和 x86-32

相比于 ARM-32 和 x86-32 基于条件码的分支指令，RV32I 采用比较 – 分支指令可节省一半的指令数。

B.2　通过树求和对比 RV32I、ARM-32 和 x86-32

我们使用图 B.4 所示的 C 程序示例,通过图 B.5 至图 B.7 同时对比三款 ISA。该程序使用中序遍历对二叉树中的值求和。树是基本数据结构,尽管这种树操作可能显得过于简单,但我们选择它,是因为它能用少数几条汇编指令同时展示递归和迭代。该程序采用递归对左子树求和,但采用迭代对右子树求和,从而减少内存占用和指令数。编译器能把完全递归的代码转换成此形式。为清楚起见,我们显式写出迭代形式。

```
struct tree_node {
  struct tree_node *left;
  struct tree_node *right;
  long value;
};

long tree_sum(const struct tree_node *node)
{
  long result = 0;
  while (node) {
    result += tree_sum(node->left);
    result += node->value;
    node = node->right;
  }
  return result;
}
```

图 B.4　一个使用中序遍历对二叉树中的值求和的 C 程序

三种汇编代码大小的最大区别在于函数的入口和出口。RISC-V 用四条指令在栈上保存/恢复三个寄存器,同时调整栈指针。x86-32 在栈上只保存/恢复两个寄存器,因为它能对内存操作数进行算术运算,而无须将其全部取到寄存器中。此外,它用压栈/弹栈指令保存/恢复寄存器,这些指令隐式地调整栈指针,而不像 RISC-V 那样显式地操作。ARM-32 可用一条压栈指令同时把三个寄存器以及存放返回地址的链接寄存器保存到栈上,亦可用一条弹栈指令恢复它们。

```
addi sp,sp,-16     # 分配栈帧
sw   s1,4(sp)      # 保存 s1
sw   s0,8(sp)      # 保存 s0
sw   ra,12(sp)     # 保存 ra
li   s1,0          # sum = 0
beqz a0,.L1        # 若 node == 0，则跳过循环
mv   s0,a0         # s0 = node
.L3:
lw   a0,0(s0)      # a0 = node->left
jal  tree_sum      # 递归，结果在 a0 中
lw   a5,8(s0)      # a5 = node->value
lw   s0,4(s0)      # node = node->right
add  s1,a0,s1      # sum += a0
add  s1,s1,a5      # sum += a5
bnez s0,.L3        # 若 node != 0，则循环
.L1:
mv   a0,s1         # 通过 a0 返回总和
lw   s1,4(sp)      # 恢复 s1
lw   s0,8(sp)      # 恢复 s0
lw   ra,12(sp)     # 恢复 ra
addi sp,sp,16      # 释放栈帧
ret                # 函数返回
```

图 B.5 中序遍历树的 RV32I 代码

由于用了比较-分支指令 bnez，主循环比其他两款 ISA 的要短。

```
push {r4, r5, r6, lr}  # 保存寄存器
mov  r5, #0            # sum = 0
subs r4, r0, #0        # r4 = node; node == 0?
beq  .L1               # 若是，则跳过循环
.L3:
ldr  r0, [r4]          # r0 = node->left
bl   tree_sum          # 递归，结果在 r0 中
ldr  r3, [r4, #8]      # r3 = node->value
ldr  r4, [r4, #4]      # r4 = node->right
add  r5, r0, r5        # sum += r0
add  r5, r5, r3        # sum += r3
cmp  r4, #0            # node == 0?
bne  .L3               # 若否，则循环
.L1:
mov  r0, r5            # 通过 r0 返回总和
pop  {r4, r5, r6, pc}  # 恢复寄存器，函数返回
```

图 B.6 中序遍历树的 ARM-32 代码

与其他 ISA 相比，多字压栈/弹栈指令缩减了 ARM-32 的代码大小。

```
  push esi             # 保存 esi
  push ebx             # 保存 ebx
  xor  esi, esi        # sum = 0
  mov  ebx, [esp+12]   # ebx = node
  test ebx, ebx        # node == 0?
  je   .L1             # 若是，则跳过循环
.L3:
  push [ebx]           # 取 node->left 并压栈
  call tree_sum        # 递归，结果在 eax 中
  pop  edx             # 弹出并丢弃旧参数
  add  esi, [ebx+8]    # sum += node->value
  mov  ebx, [ebx+4]    # node = node->right
  add  esi, eax        # sum += eax
  test ebx, ebx        # node == 0?
  jne  .L3             # 若否，则循环
.L1:
  mov  eax, esi        # 通过 eax 返回总和
  pop  ebx             # 恢复 ebx
  pop  esi             # 恢复 esi
  ret                  # 函数返回
```

图 B.7 中序遍历树的 x86-32 代码

主循环中包含其他 ISA 没有的压栈/弹栈指令，引入额外的数据传送开销。

RISC-V 的主循环只有七条指令，而其他 ISA 有八条指令，如图 B.3 所示。这是因为它能通过一条指令进行比较和分支操作，而 ARM-32 和 x86-32 需要两条指令。循环内的其余指令可根据图 B.1 和图 B.2 在 RV32I 与 ARM-32 之间一一对应。x86 的一处不同是其 call 和 ret 指令隐式地将返回地址压栈或弹栈，而其他指令集在函数的准备阶段和结束阶段显式地做这件事（RV32I 需要保存和恢复 ra 寄存器，ARM-32 需要将 lr 压栈并将其弹出到 pc）。另外，由于 x86-32 调用约定规定使用栈来传递参数，x86-32 的代码在循环中多出一条其他 ISA 不需要的 push 和 pop 指令，这些额外的数据传送降低了性能。

性能

B.3   结语

易于编程/编译/链接

尽管各指令集的设计理念大相径庭，生成的程序却十分相似，因此我们能把旧架构的代码直接翻译到 RISC-V 版本。RISC-V 有 32 个寄存器，多于 ARM-32 的 16 个和 x86-32 的 8 个，这使翻译到 RISC-V 变得简单，但反过来会困难很多。翻译过程如下：首先调整函数的准备阶段和结束阶段，然后把基于条件码的条件分支指令改成比较 – 分支指令，最后把所有寄存器和指令的名称改成 RISC-V 中的对应名称。也许还剩下若干调整工作，如处理变长 x86-32 指令中的大常数和长地址，或通过额外的 RISC-V 指令实现数据传送的复杂寻址模式，但经过上述三个步骤后，翻译工作已接近完成。

索引